土壤多样性及地多样性的研究方法与实践

张学雷　任圆圆　李笑莹　著

科学出版社

北　京

内 容 简 介

本书以地表水体、土壤等要素为主体，以中国中部河南省和东部江苏省的典型样区为例，继承并发展了土壤多样性的理论和测度方法，刻画土壤、地表水体、地形地貌、母质、耕地等要素与空间分布多样性的关系，以期实现由单一要素向多要素的多样性跨越及方法的递进。本书尝试从本质上改变传统土壤学和土壤多样性的研究模式，向更广的研究领域延伸。

本书可供生态、资源、环境等相关专业的学生及从事相关领域研究的同行参考。

图书在版编目（CIP）数据

土壤多样性及地多样性的研究方法与实践/张学雷，任圆圆，李笑莹著. —北京：科学出版社，2020.2

ISBN 978-7-03-063943-1

Ⅰ.①土 Ⅱ.①张… ②任… ③李… Ⅲ. ①土壤–多样性–研究 Ⅳ. ①S159

中国版本图书馆 CIP 数据核字(2019)第 300460 号

责任编辑：杨帅英 赵 晶 / 责任校对：何艳萍

责任印制：吴兆东 / 封面设计：图阅社

科 学 出 版 社出版

北京东黄城根北街 16 号

邮政编码：100717

http://www.sciencep.com

北京建宏印刷有限公司 印刷

科学出版社发行 各地新华书店经销

*

2020 年 2 月第 一 版 开本：787 × 1092 1/16

2020 年 2 月第一次印刷 印张：9 1/2 插页：4

字数：225 000

定价：108.00 元

(如有印装质量问题，我社负责调换)

作 者 简 介

张学雷，男，江苏省沛县人，1960 年 12 月出生。教授，博士生导师，郑州大学自然资源与生态环境研究所主任。第十二届中国土壤学会土壤遥感与信息专业委员会副主任、土壤发生分类与地理专业委员会委员。主要从事土壤及地多样性的研究，曾在荷兰瓦格宁根、西班牙马德里、美国费城、德国基尔、中国台湾等地区工作、访问。发表论文 150 余篇，SCI、EI、ISTP 收录 10 余篇，出版多部著作，主持 5 项国家自然科学基金项目，获省部级奖励 6 次。开设本科课程《土地资源学》、研究生课程《土地科学原理》、《现代水土资源环境》等，培养中外博/硕士研究生 20 余人。

任圆圆，女，河南省襄城县人，1987 年 6 月出生，2013 年 9 月考入郑州大学师从张学雷教授攻读博士学位，现任职于郑州轻工业大学政法学院，兼任郑州轻工业大学社会发展研究中心研究员。主要从事水土资源多样性研究，已发表文章 18 篇，其中以第一作者发表论文 8 篇。参加国家自然科学基金项目 2 项，参与多项土地利用规划横向科研项目。

李笑莹，女，河南省巩义市人，1994 年 10 月出生，2017 年 9 月考入郑州大学师从张学雷教授攻读硕士学位。主要从事土地资源要素多样性研究，已发表文章 4 篇，其中以第一作者发表论文 3 篇，多次参加国内学术会议并作报告，参与国家自然科学基金项目的相关工作。

Prologue

A Chinese research group led by Prof. Dr. Xuelei Zhang visited me at the Centro de Ciencias Medioambientales (CCMA) in Madrid, September 2002, to learn how to apply the methodology of pedodiversity created and conducted in Spain by my team into China. Xuelei and I have been kept in touch after we met, exchanging ideas and papers in the past nearly 20 years.

Since then, four main steps have been taken by Prof. Zhang's team for many case areas in China including ①development of the basic tools for calculating spatial variation, ②determination of the changes in pedodiversity from land use changes, ③identification of the impact of intensive human activities under the fast growing urbanization upon regional pedodiversity patterns and the related soil resource implication, and ④major study models in pedodiversity and the geodiversity of the main geo-factors (terrain, land use, parent material, water body and vegetation) are analyzed, it was pointed out that from pedodiversity to geodiversity and the correlation analysis between geo-factors is growing well in accordance with the development trend and demand of soil geography communities. What they had been doing on pedodiversity in China was invited as a chapter in the book ***Pedodiversity*** edited by me and published already by CRC in 2013.

I am happy that Xuelei and his team publish this book ***Methodology and practice of pedodiversity and geodiversity studies in China*** (in Chinese) under the fact that the National Natural Science Foundation of China (NSFC) has supplied 5 rounds of funding to support the related research practice from pedodiversity to geodiversity in China, the most recent one is entitled Correlative analysis of pedodiversity and geodiversity patterns in the case areas from the east and central China.

I will continue to share what I have been doing in Europe with Xuelei to make this interesting study area more active and productive either in China or abroad, and wish it possible and successful for him to get some new findings from the closely related pedodiversity to geodiversity topics.

Juan José Ibáñez
Spanish National Research Council, Madrid
with expertise in Soil Science and
Environmental Science

前　言

从 20 世纪 90 年代起，以 Juan José Ibáñez 为首的一个西班牙研究小组提出了一种可能的途径，用生态学研究的多样性方法系统地分析土壤圈层内土壤类别的多样性。2002 年 9 月，张学雷、陈杰赴马德里访问西班牙高等科学研究理事会生态环境科学中心（CCMA-CSIC），与土壤多样性研究的创立者 Juan José Ibáñez 教授建立工作关系。2003 年，美国也将土壤多样性的理论与方法在全国土壤多样性特点及土壤多样性与土地利用关系等研究中进行了有意义的尝试。2006 年 7 月，在美国费城召开的第 18 届世界土壤学大会（The World Congress of Soil Science，WCSS）上，世界土壤学大会在土壤地理委员会中设立了“土壤多样性：空间、社会和环境等领域”的专题分会场，土壤多样性研究被认为是土壤地理学科研究新的增长点而得到鼓励，土壤多样性有关的研究展现出良好的态势，除西班牙、美国外，又陆续有许多国家跟进。2001 年后，土壤多样性理论引入我国，我国成为继西班牙之后较早从事土壤多样性研究的国家，最初利用山东省 1∶100 万和海南岛 1∶25 万 SOTER 数据库进行测度分析，其涉及对土壤类别、土壤性质多样性特点的研究。2005 年以来，受美国有关研究的启发，对长江三角洲地区城市化过程对土壤多样性的影响进行研究。2010 年 8 月在澳大利亚召开的第 19 届世界土壤大会、2014 年 6 月在韩国召开的第 20 届世界土壤学大会，以及 2015 年在南京召开的第 12 届东亚及东南亚土壤学联合会（The East and Southeast Asia Federation of Soil Science Societies，ESAFS）会议上，我们关于土壤多样性、土壤与水体空间分布多样性的论文被录用为会议报告，在国际上产生了积极的影响。2013 年 4 月，美国 CRC 出版社出版的新著《土壤多样性》（*Pedodiversity*）在介绍土壤多样性研究进展的基础上，对这一新兴学科的发展与应用前景进行了展望，书中也介绍了我国土壤多样性的主要研究进展及其未来的机遇与挑战。

2001 年以来，项目组围绕土壤多样性的理论、方法和应用，先后在国家自然科学基金项目“基于土壤多样性理论的土壤空间可变性研究”（40171044）、“长江三角洲地区土地利用变化中土壤多样性测度指标的探索”（40541003）、“高强度人类活动背景下区域土壤多样性动态变化及其土壤资源空间格局演变指示”（40671012）、“土地利用变化对土壤多样性的影响及其生态环境效应分析（41171177）”和“中国中、东部样区土壤多样性与地多样性格局的关联分析（41571028）”的资助下，从基本理论方法的引进到扩展，从土壤单一要素到土地及地学各要素循序渐进，在山东、海南、江苏、河南、浙江等研究区，针对土壤、水体、地形、母质、植被乃至城市化引起的城镇用地、交通网络、耕地的动态变化等方面，从多样性计量的角度进行分析与对比研究。国家自然科学基金委员会地球科学部、中国科学院南京土壤研究所、郑州大学、郑州轻工业大学、河南工业大学、山东师范大学等单位，为项目持续研究提供了大力支持。

先后参加项目有关研究的同事有陈杰、Juan José Ibáñez（西班牙）、Manfred Boelter（德国）、李爱民、赫晓慧；博/硕士研究生、进修生有李亚丽、姚海燕、杨玉建、Enock Sakala（赞比亚）、檀满枝、孙燕瓷、王辉、李梅、段金龙、冯婉婉、钟国敏、齐少华、屈永慧、赵斐斐、任圆圆、李美娟、Anika Sebastian（德国）、Natasch Meuser（德国）、郭漩、孙鹏、王娇、李笑莹。

基于近20年持续研究的成果，我们已发表有关文章60余篇，其中SCI，EI，ISTP收录文章10余篇，国际专著1部，国内专著1部，在世界土壤学大会、东亚及东南亚土壤学联合会、美国地理学家协会（Association of American Geographers，AAG）等学术会议上作报告，培养博士研究生、硕士研究生10余名。

本书由张学雷统稿，其中，第1~7章由任圆圆、张学雷撰写，第8章由郭漩、张学雷撰写，第9章由孙鹏、张学雷撰写，第10章由李笑莹、张学雷撰写，第11章由王娇、张学雷撰写，封面摄影为肖光平。

本书反映有关由土壤多样性向地多样性跨越的最新研究成果，也为生物多样性、人类社会发展多样性、文化多样性的探索提供新的角度。由于作者水平有限，书中难免存在疏漏之处，欢迎读者对书中存在的不足进行批评指正。

2019年8月28日

目　　录

第1章　绪　　论

1.1　研究背景

自然资源各要素或地学要素均随着空间和时间的变化而有所变异和发生动态演化。纵观几个世纪的历史，自然科学家观察到在忽略这些研究对象性质的情况下，某些景观具有更高的异质性（如生物物种、岩石、地形和土壤等）（Ibáñez，2014）。地球表面正在以一种指数的方式快速发生改变，如今的科技社会和人口增长也正在以整个人类历史上最大的强度影响着所有的自然资源。由于人类过多的干扰（侵蚀、污染、盐碱化、城市和工业密封等），生物圈、岩石圈和土壤圈等正在逐渐退化和分离。

作为自然资源中重要的要素之一，水资源在维系人类生存和社会发展中起着不可替代的作用，但其在世界各地的分布在时间和空间尺度上存在着很大的差异（凌红波等，2010），同时，呈现出不同程度的不均衡性（张利平等，2009）。2013～2015 年，我国水资源量分别为 2059.7m^3/人、1998.6 m^3/人和 2039.2 m^3/人，根据国际标准，当水资源量少于 3000 m^3/人时属于轻度缺水，少于 2000 m^3/人时属于中度缺水，由此可知我国水资源总量并不丰富，人均占有量更少，属于缺水国家（中华人民共和国国家统计局，2013，2014，2015）。此外，我国水资源供需矛盾突出，2/3 的城市缺水且部分农村存在饮水不安全问题，水资源利用方式粗放、开发过度、水资源污染等问题日益突出，水资源形势将更加严峻。

土壤作为自然资源最重要的要素之一，从地球系统方面看，土壤是地球的皮肤，是一个历史自然综合体；从生态学角度看，它是生态系统的枢纽，是受人类智慧和劳动影响的人工生态系统；从人类生存角度看，它确保粮食产量，以满足世界人口的不断增长，它也支撑着地球上的生命（龚子同等，2015）。我国土壤类型众多，根据《中国土壤系统分类》，共划分出 14 个土纲、39 个亚纲、138 个土类和 588 个亚类，且具有其它国家土壤不具备的特点，如人为土，特别是占世界 1/4 的水耕人为土，是世界上其它国家所无法比拟的（龚子同，1999）。我国土地面积辽阔，全国耕地面积只占陆地总面积的 12.7%（12177.59 万 hm^2）。沙漠、戈壁、石山、冰川与永久积雪等虽占陆地总面积的 27%（约 2.6 亿 hm^2），但其难以开发利用，不能提供农、林、牧、渔业所能利用的土壤（龚子同等，2015）。同时，土壤圈也存在一些风险，如城市化和工业化将越来越多的自然土壤演变为城市土壤，使之逐渐丧失固有的生产生态功能。直到近些年，人们才开始认识到土壤圈必须作为人类生物的、地质的和文化传承的东西被保护起来。同样地，土壤也是一种关乎区域气候、环境和生态系统的档案馆和存储器。因此，如果土壤消失，那么地球的历史也会随之丢失（Ibáñez and Bockheim，2013）。

土壤学研究已经开始从土壤本身向诸多地学要素综合及相关性分析扩展，土壤多样性研究也从中受到启迪，从单一土壤要素的多样性分析向影响土壤发生和演变的其它地学要素（如地形、土地利用、水体、气候、母质和植被等）多样性格局的关联分析与研究扩展，如此学术思路的提升将从本质上改变传统土壤学、土壤多样性研究的模式，为更全面探索从土壤多样性到地多样性或者自然资源多样性的演化和生态可持续发展提供新的理论基础和研究方法。以往的研究中涉及土壤和土地利用（段金龙和张学雷，2011，2013）、土壤和地表水体（段金龙和张学雷，2012a，2012b）、土壤多样性和景观指数（张学雷等，2014；屈永慧等，2014a，2014b，2014c）、地表水体、归一化植被指数和热环境（段金龙和张学雷，2012a，2012b）等内容，从不同的角度运用空间分布面积指数研究了水土资源间的关系，但研究样区局限在较小的行政区域。在以上研究的基础上，本书选取中国中东部的典型样区，把生态学中的空间粒度方法引入其中，提出地表水体多样性新的测度方法，并将地形地貌这一主要的地学要素加入土壤和地表水体的多样性研究中，其中部分案例的研究样区扩大到整个省级行政区。本书从土壤多样性向地多样性发展，探索不同要素在数量和空间分布上的格局特征、相关联的程度和方法论的提升，深入挖掘数据信息，为人们更加合理地利用自然资源进行生产生活和经济发展多样性的相关研究提供一定的理论基础。在以后的研究中，考虑不同自然要素的多样性格局对城镇建设用地的分布、工农业布局及农田水利工程设施的选址和布局等产生的影响，如不同地形上城镇建设用地或聚落分布的差异性。

1.2 研究进展

1.2.1 土壤多样性

在土壤科学的发展进程中，人们对土壤生产性能的关注度往往高于其生态环境意义，而这将不利于人们对土壤的深入调查以及了解土壤在生态环境过程中的作用。目前，人们逐渐认识到保护好土壤表层对生物圈保护的重要性，由关注简单的农事向认识到土壤圈对气候或生物地理圈层系统的重要性转变（任圆圆和张学雷，2015a，2015b）。

关于土壤多样性的研究，国际上已取得了显着的进展。2013 年 4 月，美国 CRC 出版社出版了《土壤多样性》（*Pedodiversity*）专着（Ibáñez and Bockheim，2013）。该专着介绍了有关土壤多样性的研究进展，同时展望了这一新兴学科的发展与应用前景。西班牙学者 Juan José Ibáñez 论述了土壤多样性的研究现状和未来挑战，Javier Caniego 介绍了生物和土壤多样性的分形分析，Asunción Saldaña 概括了土壤多样性与景观生态学等；意大利学者 Enrico Feol、Carmelo Dazzi 研究了环境系统中多样性的测度、人为景观变化对土壤多样性的响应以及土壤遗产的保护；美国学者 Jonathan Phillips、James Bockheim 探究了非线性变化及趋异进化（divergent evolution）与土壤多样性、土壤地方性及其对系统土壤多样性的影响；伊朗学者 Norair Toomanian 对土壤多样性与地形进行了研究；我国学者张学雷对我国土壤多样性的主要研究进展及未来要面临的机遇与挑战进行了介绍（任圆圆和张学雷，2015a，2015b；张学雷，2014）。20 世纪 90 年代初，土壤多样性兴起于西班牙，此后中国将其引入并进行研究（张学雷，2014；陈杰等，2001a，2001b；

张学雷等，2003a，2003b，2004；孙燕瓷等，2005a，2005b），涉及的研究内容包括城市化过程对土壤多样性的影响（孙燕瓷等，2005a，2005b）、土壤分类系统和生物分类系统多样性对比（张学雷等，2008）、土壤与水体多样性的对比研究（段金龙和张学雷，2012a，2012b；段金龙等，2013）、土壤与土地利用多样性的关联分析（段金龙和张学雷，2011，2013）等。

1. 多样性的含义

“多样”这一概念清晰直观，在某些类似的表达术语中也极为常见，如多种多样、异质性、变异性、复杂性等均表达了“多样”的内涵。而这些同义词在科学层面上往往会引起混乱。随着空间范围或区域的增大，多样性也逐渐增加，这一情况可追溯到几个世纪以前。若追溯到史前时代，则可发现关于自然资源的最初调查数据资料以及多样性的特点。

在已有文献报道中，Huston（1994）对生物多样性的定义最具代表性。

“多样性分别包含两个基本组分和价值判断。其中，两个基本组分包括：①无论是不同颜色的团状物还是由不同蛋白质编码组成的脱氧核糖核酸（DNA），或者是其它物种、更高的分类级别、土壤类型、某个景观的生境斑块，任何不同物体的混合物均具有统计属性；②每个物体组群均具有两个基本属性，即不同类型的客观事物的混合体或样本（如物种、土壤类型）均具有一定的数目和相对的数量与总量。两个价值判断包括：①所选择的等级差异是否能够辨别或区分物体属于不同的类型；②某一个特定等级的相似程度是否能够认定为同一类型。这些均对生物多样性的量化与界定有影响。”

在概念上，多样性包括物种的多样性即丰富度和个体在物种中的分布方式即均匀性或均一度。多样性指数或者将其包含的两个多样性组成成分趋于一个值，或者将其中一个组成成分忽略。从方法论的视角看，最常见的多样性分析方法有两类（Magurran，1998）：一类是丰富度指数，即某一地区不同物体的数量，也指特定的样本区内生物物种或土壤类型的数量；另一类是丰富度模型，其在描述被观察事物丰富度模式中与丰富度指数最为接近，如等比级数、对数分布、对数正态分布、断（鲁）棒模型等。一些研究者认为，被观察事物类别的不同主要取决于“相似–不相似”的程度，并建议应将其考虑其中（McBratney and Minasny，2007）。

2. 土壤多样性概念的提出

探索多样性概念应从实用性角度出发，如何定义生物多样性、土壤多样性？如何测量生物多样性与土壤多样性？对此进行研究与探索有何目的及意义？目前主要涉及以下领域：生物多样性和生物遗产保护、地质多样性和地质遗产保护、环境的存储记忆、气候变化的驱动力、文化多样性（远古的和传统的土地可持续利用），以及用于土壤监测和质量评价的基准土壤。

土壤学家 Fridland（1974）首次提出了土壤多样性的概念，但其并未进行更为深入的研究报道。为了便于不同的研究，很多学科中均应用了以信息理论为基础的多样性指数，土壤学也不例外。Minasny 等（2010）认为，早期 Jacuchno（1976）以农耕方式下、较大范围内、同类型的土地为研究对象，利用仙农熵和均匀性对俄国和斯洛伐克的土壤覆盖层异质性进行评估，而不是研究当前见到的土壤多样性的机理。鉴于这些科学家均未对多样性进行直接的研究，因此，他们是否是土壤多样性研究的先驱者仍存在争议。Beckett 和 Bie（1978）在分析土壤调查图时发现，澳大利亚的土壤类型和土系数量取决于调查区域的规模，并利用对数坐标系证明土壤类别和面积（soil type vs area）之间存在着幂指数关系。由此可见，土壤多样性并不是他们的研究目的，其研究目的主要是对土壤调查程序和标准的重审。因此，这些作者是否是土壤多样性研究的建立者和先驱者同样存在争议。

20 世纪 90 年代初期，Ibáñez 等（1990，1995）运用由生态学家提出的数学方法，即丰富度、仙农多样性指数和仙农均匀度对土壤多样性进行了研究，并提出了一个全新的术语“pedodiversity”。此后，关于解释分析土壤多样性主要测度方法的文章陆续发表，从此真正地开始了对土壤多样性理论方法的探索。1992 年里约峰会后，新词汇“生物多样性”（biodiversity）由 Wilson 和 Peter（1988）提出，并在公众舆论中产生一定的影响，但澳大利亚土壤学家 McBratney（1992）建议使用 “pedodiversity”一词。另一位澳大利亚地质学家 Sharples（1993）提出了“地多样性”（geodiversity）的概念。

3. 土壤多样性分析的目的和研究模式

基于不同的目的，土壤多样性方法主要包括以下内容：

（1）土壤生态集合体的多样性模式，如土壤景观、区域土壤等；

（2）土壤基因多样性，一般指在指定区域内土壤层的基因多样性；

（3）土壤丰富度和土壤多样性随着样区的增加而增加，常用土壤多样性–面积关系进行表达；

（4）当年代序列改变时，土壤丰富度和土壤多样性也会发生改变，如某一特定群岛或海洋阶地中不同年代的岛屿常用多样性–时间关系进行表达；

（5）土壤集聚群体间潜在的嵌套模式、物种范围规模分布（species-range size distribution）、尺度的非变异性或尺度与土壤景观格局的关联依赖性等其它规律；

（6）土壤保护区网络的规模设计；

（7）空间、时间上不同自然资源的多样性模式（如土壤、岩石、地形和生物多样性等）；

（8）土壤地理学中定量化的数学表达（如地方特有土壤的量化、稀有土壤等）；

（9）土壤性质和土壤类型集合体是否具有耗散结构特征、非线性或复杂系统的调控；

（10）运用土壤系统分类方法对景观生态环境中的土壤性质变异性进行空间再造。

以上内容间存在着一些关联性，若将它们进行组合有可能出现新的创新点，如多数的土壤发生学主要是研究土壤成土过程随时间的变化，而较少从空间分异角度对成土作用进行研究，如近期运用数字制图工具对土壤景观的研究。

土壤多样性的研究模式主要包括以下方面：

1）自然界中自然体的不对称分布普遍符合威利斯曲线

威利斯曲线普遍存在于所有的自然资源清单中（Ibáñez et al.，2005a，2005b，2006），它反映了所有生物类别的分布本质。其分类组合从最大丰富度到最小丰富度进行排列呈现出的频率分布为凹面形状。该频率分布同样适用于分类单元中的子单元，也就是说，当给定分布单位，子分类群/每个分类单元从最大丰富度到最小丰富度进行排列时也与该曲线一致。威利斯曲线既可以表明一个组合中的稀有类群，也可以表明其它较为丰富的类别。所有生物多样性和土壤多样性清单均服从这一趋势，其对于生物和土壤分类制的结构分析也适用（Ibáñez et al.，2006）。

2）土壤多样性与生物多样性

土壤多样性是在生物多样性的启发下建立的，一些研究就对土壤多样性和生物多样性的分析比较进行了报道。例如，Feoli 和 Orlóci（2011）对生物多样性分析进行了重审，并认为生态学家发现的存在于生物群落物种集合体中的一些规律在土壤集合体中也存在（Ibáñez et al.，1990，2005a，2005b，2006；Toomanian and Esfandiarpoor，2010；Phillips，1999，2001a，2001b）。研究结果表明，某些地区，在不同的环境和尺度下，土壤多样性和生物多样性呈现出紧密的关联性（Petersen et al.，2010；Ibáñez and Effland，2011），土壤多样性和地形多样性之间类似（Toomanian and Esfandiarpoor，2010；Ibáñez et al.，1994）。除此之外，在不同类群之间生物多样性、岩性多样性、气候多样性的关系中也证明了这一点（Ibáñez and Effland，2011）。Phillips 和 Marion（2005）、Scharenbroch 和 Bockheim（2007）运用传统和数值分类的方法证明了森林微环境和土壤多样性之间存在清晰的关系。

3）丰富度分布模型

在群落结构研究中，生态群落中物种数量的分布具有非常重要的作用。最常见的模型有：等比级数、对数级数、对数正态分布、断（鲁）棒模型（Magurran，1998）。生物多样性的研究结果发现，当生态系统分布不均匀时，物种更加符合对数正态分布（Magurran，1998）；而当存在扰动时，也可测度出对数或等比分布（Tokeshi，1993）。Ibáñez 等（1995）、Guo 等（2003a，2003b）、Scharenbroch 和 Bockheim（2007）在对土壤类别分布的研究中也发现了相似的规律。

4）多样性–面积的关系

在生物多样性分析中对物种和面积之间的关系进行了广泛研究，其也是保护生物学的理论核心（Huston，1994；Rosenzweig，1995），二者通常符合幂律。因此，分类群数量的对数与面积的对数成正比。Ibáñez 等（2005a，2005b）、Ibáñez 和 Effland（2011）、Phillips 和 Marion（2007）、Guo 等（2003a，2003b）、Toomanian 和 Esfandiarpoor（2010）的研究也证实了土壤多样性–面积之间的幂律关系。在指定的、不同大小的群岛或其它类似栖息地的空间间断客体中，如湖–森林破碎斑块和山顶的微环境，指数幂律函数的值通常为 0.25 左右（MacArthur and Wilson，1967）。群岛岛屿中土壤类群的数量分析也存在同样的规律（Ibáñez et al.，2005a，2005b；Ibáñez and Effland，2011）。

5）多样性–时间的关系

生态学著作中已充分证明了在自然界未被人类活动干扰的区域，物种多样性会随着时间的变迁而逐渐增加（Rosenzweig，1995）。Toomanian 和 Esfandiarpoor（2010）发现，在河流阶地的年代序列上土壤多样性–面积关系服从指数定律（Phillips，2001a，2001b）。Ibáñez 和 Effland（2011）发现，按照美国农业部（United States Department of Agriculture，USDA）土壤分类顺序和亚顺序，夏威夷群岛中相对于年轻的岛屿，稍古老的岛屿的土壤多样性增加显着。此外，Phillips 和 Marion（2005）以及 Scharenbroch 和 Bockheim（2007）研究了随着时间和树木的生长周期的变化，森林土壤构成在相互作用中的多样性，并对其的增加进行了阐述。Ibáñez 等（1990，1994）阐明了时间过程是流水下切和流域等级化导致土壤多样性增加的原因。

6）多样性和嵌套式结构

若将物种或土壤类型（species or soil type）的一般分布模型与土壤类型–面积关系进行关联，则产生“嵌套子集”的概念（Patterson and Atmar，1986）。该模式的产生基于这样一个观点，即分类集合/单元若出现在较小的集聚体中，则在同类型、较大的集聚体中也会出现，反之则不成立。小的集聚体中不会出现的特殊土壤类型可能出现在大的集聚体中，出现的某些类别往往与其特有的生态栖息地环境关系密切。一般情况下，与小的岛屿比较，大的岛屿具有更多的物种或土壤类型，这主要是由于较大的岛屿的土壤形成因素更为丰富多样，如地形、小气候和成熟的沉积地貌（Ibáñez et al.，2006）。土壤学领域中，可根据预测到的土地单元大小的增加而对一些特殊土壤类型出现的概率进行预测（Ibáñez et al.，2006）。

7）多样性和复杂性科学

20 多年以前，研究者就对土壤（Ibáñez et al.，1990，1991）、土壤多样性（Ibáñez et al.，1990）、地貌系统和非线性系统（Phillips，1992）之间的关系进行了研究。结果表明，土壤和地貌的关系取决于二者间的非线性特征。Phillips（1999，2001a，2001b）、Phillips 和 Marion（2005）对地貌系统的非线性以及非线性体系下土壤多样性和地形地貌间的关系进行了研究。Ibáñez 等（1990，1991）所进行的研究类似，如运用非平衡热力学和大灾难理论观点研究土壤的起源。

8）多样性和土壤形成过程

传统的土壤学理论认为，当初始条件和环境发育历史背景相似时，土壤的起源遵从趋同的发育途径，并最终达到某一终极土壤类别的中心概念（Jenny，1941）。因此，按照 Jenny 的理论：随着时间的变化，土壤景观将不断地发展成熟，这种趋同的发展趋势导致了土壤多样性的减少（Johnson and Watson-Stegner，1987）。然而，非线性动力学方法证明：在符合上述条件下，也可能会出现相反的发展方向（Phillips，1999；Ibáñez et al.，1991），并促使土壤多样性的增加。

传统的土壤学研究中，土壤类型的演变成为研究的重点。土壤类型起源的数学结构分析中则多采用非线性动力学、复杂性科学和土壤多样性的方法。Phillips（2001a，2001b）、Phillips 和 Marion（2005）运用土壤丰富度–面积的关系，提出应沿着空间和时间的轴线对土壤的成土作用进行理解。随着某特定地形区域内土壤多样性的增多，土壤的成土作用逐渐增加，特别是在高分辨率尺度下其内部因素（土壤系统的不稳定性作为不同成土作用的一个驱动因素）至少应与外部因素具有同等重要的作用。

9）多样性、分形、多维分形

Ibáñez 等（2005a，2005b，2006）及 Ibáñez 和 Effland（2011）在研究中运用土壤丰富度–面积的关系对地理空间上土壤类型的分形分布进行了推断。Caniego 等（2006）运用多维分形方法在全球尺度上对土壤圈结构的尺度非变异性进行了分析。

10）多样性、生物地理学、土壤地理学

生物地理学理论以岛屿生物地理学理论（MacArthur and Wilson，1967）为基石，同时岛屿生物地理学理论也是“保护生物学”不可缺少的方法（Huston，1994；Rosenzweig，1995）。该理论运用生物学假设对岛屿上的物种–面积曲线进行了预测，发现其符合幂指数定律，且指数值为 0.25。Ibáñez 等（2005a，2005b）指出，土壤丰富度–面积的关系具有同样的统计分布和指数，表明土壤空间呈非线性分布。Ibáñez 和 Effland（2011）提出了岛屿土壤地理学的理论，即岛屿上板块构造论（岩性和地形）和纬度是土壤集合体和生物群落的驱动因素。这些研究结果均表明生物多样性和土壤多样性具有统一的理论基础，测度土壤多样性和生物多样性的指标值呈正相关。

11）多样性和景观变迁

Arnett 和 Conacher（1973）研究发现，在地壳构造表面形成后，异质性和土壤地貌单元的数量将随着河流侵蚀的加剧和河道网的发展而持续增加。Ibáñez 等（1995）研究了土壤多样性框架和复杂体系理论下的相似案例，所得结论相似。Hupp（1990）的研究也得到了相似的结论：当河网渐进发展时，地貌单元的数量与地表植物群的丰富度之间存在着正相关关系。

Ibáñez 等（1994）以经历了 250 万间古代重建演变的运河截面为研究对象，对引起区域内河网切口丰富度和岩性多样性、地貌、土壤和植物群落单元增加的原因进行了研究。结果发现，河网的切割过程促使老地形分水岭的地貌单元数量增加了 75%左右，其土壤丰富度增加了 51.5%。同时，Phillips（1992）运用系统的非线性动力学对生物多样性、土壤多样性和地表多样性的趋势研究的结果也具有相同的规律（Ibáñez et al.，1990；Phillips，1999；Ibáñez and Effland，2011）。

总之，作为一个充满生机的新兴学科领域，土壤多样性的研究逐渐被更多的学者视为一个具有显着创新性和研究价值的土壤计量手段（McBratney et al.，2000）。运用时空变异分析模型对土壤多样性进行分析，说明自然资源清单及其保护的重要性。利用数学的方法对土壤多样性进行研究，不仅量化了土壤地图，而且有利于对经典理论土壤学的重新思考。

1.2.2 地 多 样 性

在自然景观中，多样性分析能够独立地或是关联性地应用其中的所有要素，并作为一种数学工具去表达其空间分布模式，地–土壤学的方法使得这一重要方向的研究向前迈进了一步（Joseph et al.，2016）。

2013年4月，美国CRC出版社出版了《土壤多样性》（*Pedodiversity*）之后，2016年德国斯普林格（Springer-Verlag）出版社出版了《地土壤学》（*Geopedology*）（Joseph et al.，2016），并邀请世界上有关领域代表性国家的学者，结合地形地貌学和土壤学对土壤和景观进行研究，目的是探索一种可能性，加入土壤、地质地貌类别和生物群落，用一个综合的和全面的方法去描述地表系统的结构和多样性。该书包含前言和五大部分（33个章节），涵盖了诸多学科领域包括地土壤学的基础知识、测度技术与方法，以及在土地退化和土地利用规划方面的应用。这些学科领域由不同的作者撰写且互相补充与关联，荷兰学者J.A.Zinck主要介绍了地土壤学的基础知识、与土壤及地形的关系、重点和目标、在土壤景观中的地位；墨西哥学者N. Barrera-Bassols和西班牙学者Juan José Ibáñez等提出了用不同的方法来建立和分析土壤与景观多样性在空间和时间上的关系；阿根廷学者C. Angueira和D. J. Bedendo等旨在处理土壤模式识别和制图的不同空间模型技术、土壤属性特点和土壤环境风险管理的相关性；墨西哥学者G. Bocco和哥伦比亚学者H. J. López Salgado等致力于运用地貌和土壤分析，结合空间分析模型和地球观测信息进行土地退化和地质灾害研究；西班牙学者P. Escribano和委内瑞拉学者P. García Montero等主要研究了土地利用规划和土地分区问题。

1. 地多样性概念的提出

目前，土壤多样性的相关研究内容已经成为21世纪以来土壤地理学较为前沿性的研究内容之一（张学雷，2014；段金龙等，2014）。在中国早期涉及的土壤多样性主要内容有城市扩张过程中对土壤多样性的影响、用经典的仙农熵公式分析不同土壤类型的类别多样性（陈杰等，2001a，2001b；檀满枝等，2002）、土壤分类系统和生物分类系统的对比研究（张学雷等，2008）。而后，运用改进的仙农熵公式对土壤与土地利用（段金龙和张学雷，2013）、土壤与地表水体（段金龙和张学雷，2012a，2012b）、土壤与景观指数的多样性（张学雷等，2014）等进行研究。目前，将生态学中的空间粒度方法（任圆圆和张学雷，2014）和空间分布长度指数（MSHDLI）（任圆圆和张学雷，2014，2015a，2015b）应用到水土资源和地形地貌多样性的格局特征研究中。

不同学科的专家一致认为，人类周围的多样性涉及生物体、地形或土壤、岩石等自然要素，它具有普遍性。学者Gray（2004）将地多样性定义如下："地质的（岩石、矿物、化石）、地貌的（地形、演化进程）和土壤性状的自然范围。它包含自身的组成、关系、性质和体系。"需要说明的是，地多样性中的"地"（geo）最初指地质地貌，但目前国内外的研究实践已经将其范围扩展到与土壤密切相关的地学要素，包括地质地貌、地形、母质、水体和植被等。但是，尚未指定任何指数或数学方法去量化特定时间内多于一种自然资源要素的多样性，其一定程度上是由于缺乏国际上普遍的分类系统（universal classifications）。这种分类结构的缺失妨碍了不同资源间的比较性研究及对它们在不同环境下的空间模式规律和定律的研究。即使单独分析各个地学要素的多样性，也较为容易地联想到这些要素之间发生的联系，故将彼此多样性格局进行关联分析提供了新的角度来认识土壤及其与其它要素多样性关系的机理，并展现出良好的前景。

2. 从土壤多样性到地多样性的研究模式

土壤是陆地生态系统的重要组成部分，在历史上被看作政府和私人利益的经济资源。随着人们逐渐对土壤在全球生物化学和生态学上作用的觉醒，最终需要一个城郊剩余的原状土（undisturbed soils）的分布评估。基于地理信息系统（GIS）方法对美国原状土和非原状土进行定量分析发现，美国的土壤类型有很大比例（4.5%）处于实质性损耗或灭绝的危险边缘，造成这一现象的原因是农业和城市化的综合影响（Amundson et al.，2003；Guo et al.，2003a，2003b）。土壤具有遗传特性并且可以按照它们的“文化价值”进行分类，土壤遗产（类似地质遗产）对于旅游业和娱乐业来说具有重要的科学和教育意义，也为环境影响分析提供了基础。在土地规划中应当考虑到土壤遗产的丰富度和多样性，其有利于延续和平衡特殊生态系统的土壤景观（Costantini and L’Abate，2009）。

之前，Petersen 等（2010），Williams 和 Houseman（2013）及 Ibáñez 和 Feoli（2013）对土壤多样性和生物多样性的对比分析引起人们关注。Ibáñez（2014）指出，生物多样性和土壤多样性通常呈正相关关系，并且有相似的空间模式。张学雷等（2008）将中国土壤分类系统与生物系统分类进行对比，结果表明，二者具有很高的相似性，主要表现在数学结构和多样性特征上。土壤多样性与其它地学要素或自然资源要素多样性间关系的研究也陆续有一些报道，包括土壤多样性与土地覆盖、地表水体、气候、地形和岩性多样性（lithological diversity）等，概括后的主要内容如下。

1）土壤多样性与地形

关于地形地貌学和土壤学之间的基本关系，众所周知，地形演变进程和已形成的地形类别促进了土壤的形成和分布，反过来，土壤的发展对地貌景观的演变也有影响。然而，尽管两大学科之间更密切的结合是一个明确的趋势，但现有的文献很少能够提供一些关于如何真正将土壤和地形相结合或综合分析的结论。

土壤空间变异性一直被看作理解生态模式的一个关键问题。Ibáñez 等（2005a，2005b，1994）和 Parsons（2000）指出，土壤是主要的非生物生境异质性构成组分之一，其反映一些环境因素的影响，地形作为景观要素，其数据应该得到重视并进行分析。Ibáñez 等（1990，1995）和 Ibáñez（1996）的文献中均重点关注土壤和地形多样性，其中，Ibáñez 等（1990）在 1∶20000 比例尺尺度下，研究了西班牙中部山脉两个流域间盆地的土壤多样性-地区间的关系，河流等级与盆地面积平均值呈正相关关系。同样地，盆地面积-土壤丰富度间的关系符合幂律。但是，很少有研究去分析更多要素间的关系，如生物多样性与地形、岩性多样性与地形、生物多样性与地形等。Ibáñez 等（1994）与 Ibáñez 和 Bockheim（2013）指出，土壤多样性和地形多样性之间呈正相关关系，土壤多样性和岩性多样性之间也是如此。Ibáñez等（1995）指出，地形、地质和土壤作为重要的自然资源，其多样性的描述和量化在评估景观的生态价值时应该被考虑到，这强调需要一个可检验的假设去论证、阐述、量化和构建景观时空模型。Ibáñez等（1990）根据生态学文献中描述的物种-面积的关系和多度分布模型（abundance distribution models）发现，植物多样性、地形多样性和土壤多样性的模式有很大的相似之处，表明生物的和非生物的构成组分的控制与结构有普遍的相似之处（Parsons，2000）。此外，Ibáñez 等（1995）指出，土壤和地形多样性对景观有着明显的定量和定性的影响。Pavlopoulos等（2009）提出，可以运用地貌地图对土壤-地形间的关系进行研究。Saldaña 等（2011）指出，土壤和地形的平均密度是研究其空间异质性的一个可行性指标。Moravej 等（2012）对土壤进行了较详细的调查，并对比分析了自动化和手工地形描述方法。Toomanian等(2006)选取伊朗原始山谷探索该地区土壤多样性与成土作用间的关系。

在国内，檀满枝等（2003）借助于山东省 1∶100 万土壤–地形体数据库（SOTER）的支持，运用经典的仙农熵公式，探索以地形为基础的土壤类别多样性及其分布模式。张学雷等（2003a，2003b）基于海南岛 SOTER，计算了不同地形上不同土壤性质（如土壤容重、土壤发生层次和土层厚度等）的多样性指数、丰富度指数及均匀度指数，并对其分布模式进行了探索。毕如田等（2013）借助于数字高程模型（DEM），运用经典的仙农熵公式，探索了涞水河流域不同土壤类别的多样性。任圆圆和张学雷（2017a，2017b）对河南省不同地形上的土壤多样性格局及地形、土壤和地表水体多样性的特征进行了研究。

因此，土壤多样性和地形地貌多样性似乎遵循类似的模式，且模式的数量随着时间的推移和面积的扩大而增加，表明系统的复杂性在增加。实际上，生物多样性、地貌多样性和土壤多样性的模式也有很大的相似之处。

2）土壤多样性与土地利用

城市规模的迅速扩张和城市人口的迅速增加在一定程度上破坏了全球的土壤多样性，且这种扩张带来的冲击在未来50～100年中仍将继续，土壤多样性处于危险之中（龚子同等，2015；Lo Papa et al.，2011；Zhang et al.，2007）。Amundson等（2003）证实土地利用类型的变化已经导致一些土系处于消失的边缘。Lo Papa 等（2011）展示了在过去的 53 年间西西里岛所丧失的土壤多样性，并运用马尔可夫链和元胞自动机进行了预测，其场景引人注目。Dazzi 等（2009）在对农业工业化过程对农村地区所引起的干扰进行研究时指出，自然土壤随着城市化和工业化的发展而消失，并越来越多地演变为城市土壤，从而丧失了其本身的生产和生态功能。

Zhang等（2007）研究了土地利用变化对土壤多样性及其所产生的生态环境效应。段金龙等（2013）对中国中东部典型样区的土壤与土地利用多样性进行了关联性评价。屈永慧等（2014a，2014b，2014c）对河南省中部样区的土壤、土地利用多样性及其与相关景观指数的关联性进行了分析。钟国敏等（2013）对郑州市的土壤多样性和土地利用多样性的关联性进行了评价。赵斐斐等（2015）将多样性研究方法应用到土地利用的热力景观中，并分析了土地利用多样性与热力景观多样性的特征。

总之，将多样性理论运用到土壤和土地利用多样性的关联性评价中是切实可行的，人类活动导致一些自然土壤消失或发生变化，该研究可对变化的数量和程度进行定量分析。

3）土壤多样性与水体

关于土壤和地表水体多样性间的关系，国内外也有一些研究。Ibáñez等（1990，1994）运用多样性指数描述西班牙一定等级体系的流域盆地中土壤地貌景观的复杂性，也用相同的方法来分析河流切割地貌的演变。Hupp（1990）发现，当河网等级不断发展时，植物群落的丰富度随着地貌单元数量的增加而变大，它们之间存在正相关关系。

段金龙等（2013）在一定网格尺度下，对中国中东部典型样区土壤和地表水体多样性及河南省典型样区地表水空间分布与土壤类别多样性的关联性进行了探索，并对地表水体多样性运用空间分布面积指数（任圆圆和张学雷，2014）进行衡量，但其所选的研究样区较小，局限在部分行政区域。任圆圆和张学雷（2014，2015a，2015b）将空间粒度方法引入地表水体多样性的研究之中，并用空间分布长度指数探讨中国中东部典型县域土壤与地表水体多样性的特征及关联性。

4）土壤多样性与植被

在自然界中，土壤和植被相互依存，且有明显的协同进化关系。植被在土壤的形成及演变过程中起着主导作用，反过来，土壤使得植被得以存活，两者之间的多样性关系对于彼此发生及演化有重要的指示意义。Westhoff和van der Maarel（1978）指出，欧洲植物地理学院把植物社会学称为一门专注于植物群落分类的学科，它有植物社会学命名的国际编码（Weber et al.，2000）。综合分类方法系统划分植物自然植被单元时考虑了所有影响植物群落多样性分布的环境变量，并把它们添加到每一种综合分类的正式命名中。例如，在生物气候学领域，综合分类方法主要考虑以多种多样自然植被为基础的植物群落和气候因素进行植物景观的分类（Loidi and Fernández-González，2012）。然而，Rivas-Martínez（2005）指出，地植物学学派也考虑了土壤的、地貌的和岩性的异质性特征来划分植物–土壤在景观水平层面上的关系。在综合分类系统框架中，植物群落命名包括术语气候群落（climatophilous community）（只取决于气候因素的植物群落）；喜碱性群落（指生长在富含盐基营养成分、偏碱性土壤类别上的植物群落）；硅质群落（指生长在营养成分贫乏、偏酸性土壤类别上的植物群落）。另外，还有与富含钙质土壤类别密切相关的喜钙性群落等。总之，这些多因素中主要是气候，也包含土壤的、地貌的和岩性的因素，它们之间的多样性关系密切而有意义。在国内，段金龙和张学雷（2012a，2012b，2013）将多样性理论应用于区域热环境的空间离散性评价中，并将一定区域内的地表水体、归一化植被指数和地表温度等要素结合起来，指出较高的植被覆盖度往往伴随着较低的地表温度，更高的地表水体或植被覆盖空间分布多样性则意味着更好的环境质量。

1.2.3 存在的问题

（1）生物多样性分析历史悠久，其案例应用也较为成功。Hurlbert（1971）、Peters（1991）和Ricotta（2005）对生物多样性的分析表明，几十年以来，不同时期对生物多样性理论方法的现状研究和进展取得了良好的可借鉴成果和知识积累，土壤多样性可以以此为基础进行更为深入的探索。Ricotta（2005）认为，生态学家对生物多样性的概念常存在着模棱两可甚至混乱的情况，土壤多样性的评价中也可能存在着类似的问题。随着对土壤多样性报道的文献增多及研究的深入、概念的不断更新，指数以及其它数学方法的膨胀不但没有促进反而阻碍了对土壤多样性的深入研究。在这一点上，土壤学家似乎开始重蹈生态学家的覆辙。

（2）土壤多样性的研究虽进展显着，但仍有一些问题尚未解决。①土壤多样性与生物多样性的结果相似的原因是什么？②该相似性是地球表面系统非线性动力学的本质结果吗？③如何将土壤多样性与其它资源多样性进行对比，如地形地貌单元的多样性（Toomanian and Esfandiarpoor，2010；Phillips，1999，2001a，2001b；Phillips and Marion，2007；Arnett and Conacher，1973）又应如何对 Williamson（1981）和 Ibáñez 等（1994）所研究的岩石单元的多样性进行比较？这些问题在亟待解决的同时，也成为未来土壤多样性研究所面临的主要挑战。

（3）将地形、土地利用、水体和植被等地学要素加入土壤多样性的研究中，有利于更深入地了解土壤多样性的格局、空间离散性分布及成因。继土壤多样性研究实践以来，如何把握从土壤多样性到地多样性的研究跨越，并将它们之间的发生机理有机结合，具有很大的应用前景和研究空间，从国内外研究实践来看，其也符合土壤地理学的研究趋势，但同时也存在挑战。一方面，土壤的变异是自然过程主导的，但土壤分类是人为定义的系统，对于地学的诸多自然要素，通过对多样性各种指数的计算，能否把分类系统（人为刻画）和土壤变异（自然主导）两者区分开来分别研究土壤多样性与地多样性间的关系。另一方面，地多样性包含较多的自然要素，如何更好地整合土壤多样性与它们的关系，并将研究成果应用到社会发展、生态系统的可持续性等方面还都有待探索。

1.3 研究内容

1.3.1 研究思路

国内外相关文献在土壤多样性研究中虽取得了显着的进展，但探索其与其它自然资源间关系的研究仍较少（图 1.1）。其中，最常见的是生物多样性和土壤多样性的对比，二者通常呈正相关（positively correlated），且有相似的空间模式。Ibáñez 等（1994）与 Ibáñez 和 Bockheim（2013）已经发现，土壤多样性和地形多样性、土壤多样性和岩性多样性之间呈正相关关系，但是生物多样性、岩性多样性以及土壤多样性三者分别与地形等要素之间的特征与联系还有待探索（Joseph et al.，2016）。

由此可知，之前的研究并没有将如此多的地学要素关联在一起进行研究，本书的研究中将地表水体作为主体，和与之发生密切关系的土壤、地形地貌一起刻画多样性的关系，即基于经典道库恰耶夫土壤发生学理论中五大成土因素的划分，选取土壤及与其发生密切关系的地表水体、地形地貌等地学要素作为主要研究对象，通过对适用于不同地学要素仙农熵多样性指数的变形与改进，来表达与分析面状、线状地学要素的地多样性

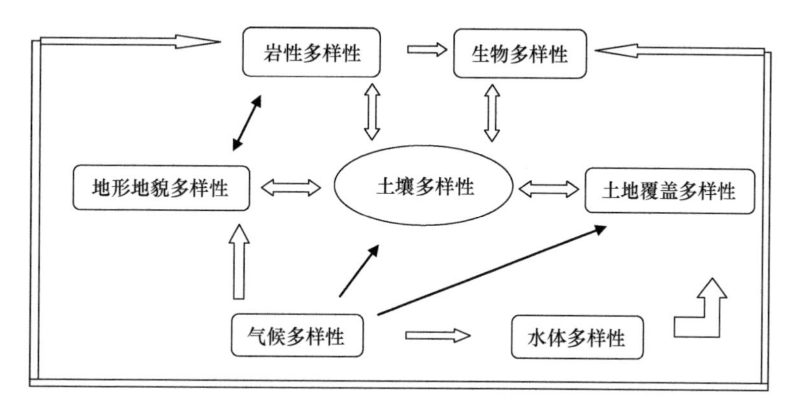

图 1.1　土壤多样性与其它土壤形成要素多样性间的相互关系图

基本特征，探索不同生态环境和社会发展条件下，典型样区地表水体多样性与各地学要素多样性格局的形成过程机理、发生关系及其空间变异规律，从刻画单一要素向不同要素的多样性一并刻画跨越。建立连接系数等技术手段来探索各要素多样性的关联性，以新的角度来丰富经典土壤发生学理论中主要地学要素之间关系内涵的表达，研究不同生态环境和社会发展条件下，土壤及与其发生密切关系的地表水体等地学要素之间复杂异质性相互关系的科学表达及土壤学与生态环境的意义。

1.3.2　研究区概况

以经济发展状况、社会文化发展程度、生态环境条件和土地利用状况等的区域差异性为考虑因素，选取中国中部和东部的典型样区或整个省级行政区作为研究区。其中，中部的河南省以农业生产为主，经济欠发达，在地理位置上北方的气候和植被特征明显。而东部的江苏省经济繁荣，教育发达，文化昌盛，位于中国省域综合竞争力的前列，地理位置上横跨南北，其气候、植被均兼具南北方特征。

河南省（处于 110°21′E～116°39′E、31°23′N～36°22′N）位于我国大陆中部地区，地处黄河流域中下游，因大部分地区在黄河以南，故称河南，其是我国的中原大省，因大部分属于九州岛中的豫州而简称“豫”。河南省东西长 580 km，南北宽 530 km，面积约 16 万 km^2，约占全国总面积的 1.74%。河南省属暖温带–亚热带、湿润–半湿润季风气候，秦岭–淮河一线贯穿河南省的伏牛山和淮河沿岸，该线以北地区属于暖温带，以南地区属于亚热带。“三山两盆一平原”，即总体概括了其地形，西部为山地丘陵区，东部为由黄河、淮河冲积形成的黄淮海平原区。其土壤类型多样，形态各异，黄河、长江、淮河和海河四大水系横跨其境，纵横交织河流达 1500 多条。截至 2015 年底，河南省行政区共管辖地级市 17 个、省直辖县级市 1 个、市辖区 51 个、县级市 20 个、县 86 个，其省会为郑州。

江苏省（处于 116°18′E～121°57′E、30°45′N～35°20′N）位于我国大陆东部沿海地区，南北较长，跨暖温带、北亚热带和中亚热带 3 个生物气候带。其建省得益于旧时江南省的东西分置，并以“江宁府”与“苏州府”的首字进行命名。其陆地边界线达 3383km，拥有 10.72 万 km^2 的面积，约占我国陆地总面积的 1.12%，而人均土地面积在全国各省区中是最少的。其地跨长江、淮河南北，京杭大运河从中穿过，水资源十分丰富，农业生产条件得天独厚，是著名的“鱼米之乡”。2016年底，江苏省共管辖副省级城市1个（南京）、地级市12个（44个市辖区）、县级市21个、县20个，其中昆山、泰兴、沭阳属于江苏省直管试点县（市），其省会为南京。

1.3.3 机　理

土壤多样性向地多样性的研究跨越逐渐成为土壤地理学新的研究趋势，如何更好地整合土壤多样性与众多地学要素多样性间的关系，并将研究成果应用于社会发展和实践等方面还有待探索。在较多的自然要素中，地表水体、土壤和地形地貌是最基础的也是最重要的研究对象。基于此，本书以地表水体多样性的内涵探索为主体，提出线状地表水体新的测度方法，将其与改进的仙农熵公式一起探索水土资源、土壤与地形地貌及水土与地形三要素多样性的格局特征。本书的研究内容包括以下几点：

1）单一地学要素多样性的内涵探索——地表水体多样性特征

以河南省北部、中部和南部3个面积相近的典型样区为例，将生态学中的空间粒度方法引入多样性分析中，在总结前人研究地表水体测度方法的基础上，提出了地表水体多样性新的指数测度方法并对其科学性进行验证。

2）水土资源多样性的相关性

以中国中部河南省的襄城县、林州市和固始县，东部江苏省的溧水县、如皋市和吴江区6个典型样区为研究区，在不同空间粒度下研究地表水体和土壤多样性的特征及内在联系。针对部分研究样区面状湖泊面积较大提取水体中心线不理想的情况，又从6个典型样区中选择4个具有代表性的区域，以探讨两个改进的仙农熵指数［空间分布面积指数（MSHDAI）和空间分布长度指数（MSHDLI）］的适用性。

3）以地形为基础的土壤多样性

以河南省为例，在大尺度控制下对其地形进行分类。对省域主要地形类别平原、丘陵、山地和盆地上的土壤类型的分布、面积以及空间分布离散性进行研究。该部分的研究方法由经典的仙农熵指数向改进的仙农熵指数测度方法递进。

4）多级地貌特征与土壤多样性

以河南省为例，在大尺度地形分类的基础上，获取了更为详细的多级地貌分类数据，探索地貌、土壤的构成组分多样性和分支率，地貌空间分布多样性及其与土壤多样性间的相关性。

5）水、土与地形多样性格局特征

以河南省为研究样区，分析地表水体、土壤和地形等多地学要素多样性之间的格局特征。

6）不同坡度下水土和土地利用多样性的特征

以河南省内伊洛河流域的8个典型县域为研究样区，分析坡度与地表水体空间分布多样性、坡度与土壤空间分布多样性及坡度与典型土地利用多样性间的相关关系。

7）河南省成土母质与土壤空间分布多样性的特征

以河南省为例，探讨了成土母质与土壤类型的构成组分多样性特征、不同母质基础上各土壤分类级别的多样性特征、不同成土母质对土类空间分布多样性的影响和二者间的相关性。

8）土壤及地形与耕地多样性格局的特征

以河南省为例，分析河南省土壤、地形与耕地要素的构成组分多样性、空间分布多样性与关联性。

9）河南省土地利用构成组分多样性的特征

在省域尺度范围内，探讨河南省土地利用分类的构成组分多样性、土地利用类型与均匀度指数之间的关联性。

1.3.4 技术路线

本书的技术路线图如图1.2所示。

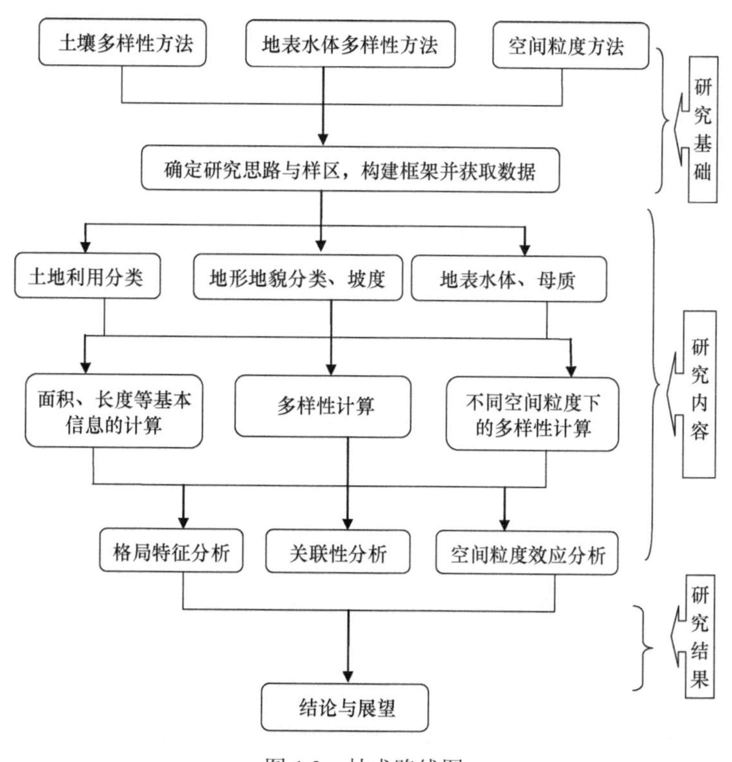

图1.2 技术路线图

第2章　地学要素间发生的联系与多样性测度方法

河南省和江苏省分别位于中国的中部和东部，以中东部自然资源方面的对比作为主线，研究内容涉及各自的土壤资源、水资源、地形地貌要素的不同特点和分布的差异性及不同研究对象之间的交互关系等。该理论知识的查阅与整理对典型研究样区的选择、运用多样性和空间粒度的测度方法研究各要素间空间分布离散性特征及关联分析提供坚实的理论基础。

需指出的是，在对中国中东部的水土资源多样性特征进行研究时，研究样区从河南省北部、中部和江苏省中部、南部进行选择，这是因为考虑到土壤的地带性和生物气候因素等。河南省北部属于暖温带气候，南部属于亚热带气候，其生物和气候条件存在明显的差异，如南部的信阳年平均气温 15.3℃、年平均降水量约 1100mm，北部的安阳年平均气温 13.6℃、年平均降水量 600mm 左右。不同的生物气候条件使得土体中的物质发生不同形式的淋溶、沉淀和分异，从而形成不同的土壤类型。由于江苏省在地理位置上横跨南北，故江苏省的北部和河南省的南部在生物气候方面具有很大的相似性，在两个省域范围内选择研究样区时，优先考虑河南省的北部、中部及江苏省的中部、南部进行对比研究。

2.1　中国中东部主要自然要素特征对比

2.1.1　土 壤 资 源

土壤是陈铺在地球表面的一层疏松物质，其与地球的自然环境、人类出现、人类社会及文明的形成和发展有着密切的关系。土壤是一个历史自然的综合体（图 2.1），是生物、气候、母质、时间、地形等自然要素和人类活动综合作用下的产物，并随着这些成土因素的变化而变化。地球表面的土壤千变万化，就是由在不同的时间和空间下，上述成土因素的变异造成的。1938 年，瑞典科学家马特森（S. Mattson）根据物质循环的特点，提出土壤圈（pedosphere）的概念，其认为土壤是在岩石圈、大气圈、水圈及生物圈的相互作用下形成的，那么土壤也会对这些圈层产生一定的影响（Mattson，1938）。所以，土壤圈是这五大圈层的纽带，构成了有机界与无机界，即生命与非生命，联系的中心环节。此外，土壤还是珍贵的自然资源，其数量具有有限性、类型及分布具有规律性、资源质量具有可变性。人类的耕作活动改变了土壤的性状，也影响着土壤的空间分布。例如，干旱与半干旱地区长期灌溉发育的灌淤土，各地长期水耕农田发育的水耕人为土，这些都是人为耕作活动的结果。土壤还是全球碳循环中的重要碳库，土壤有机碳库分解和积累速率直接影响全球的碳平衡（龚子同等，2015）。

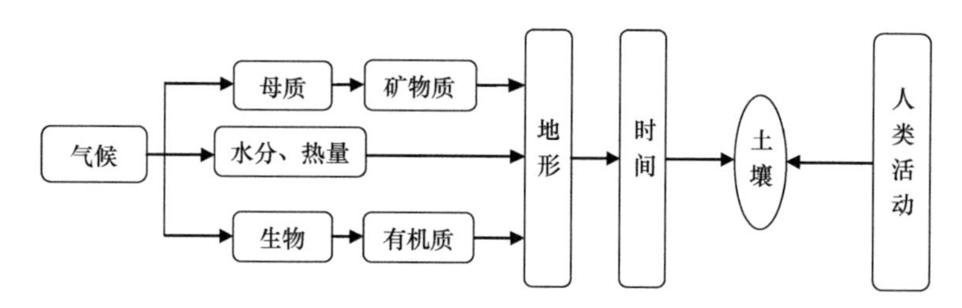

图2.1　土壤形成条件及相互关系

土壤空间分布由于生物、气候和植被在地球表面呈现的规律性而表现出相应的规律性，即地球表面不同类型的土壤往往分布于较为固定的地理空间位置上，同时在不同的生物气候带内形成的地带性土壤也各有不同（龚子同等，2015）。土壤的这种地带性分布是自然界客观存在的，主要受生物气候因素的影响，分为水平地带性分布和垂直地带性分布两种。其中，水平地带性分布又分为纬度地带性分布和经度地带性分布。土壤的垂直地带性分布由山体所处的地带和山体的海拔不同所致。

2004年6月出版的《河南土壤》（河南省土壤普查办公室，2004）一书中指出，河南省土壤共有7个土纲，11个亚纲，17个土类，42个亚类，133个土属，424个土种。河南省土壤的分布：伏牛山主山脉南侧1300 m以上，沙河与汾河以北，京广线以西为棕壤与褐土，且棕壤多分布在1300 m以上，1300 m以下多为褐土。该线以南主要是黄棕壤和黄褐土，海拔1300 m以上的山地有棕壤出现。京广线以东主要分布有潮土和砂姜黑土，在河南省的低山丘陵区广泛分布着石质土和粗骨土。黄河新形成的滩地有新积土零星分布，南阳盆地低洼处有大面积的砂姜黑土分布。在太行山和伏牛山2000 m较为平坦的山顶处零星分布有草甸土。河南省北部属于半干旱半湿润气候区，易形成褐土，南部相对而言较为湿热，易形成黄褐土和黄棕壤，这就决定了河南省土壤分布具有明显的纬度地带性。从经度上来看，北部不明显，而南部有一定差异，主要表现在东部的信阳和南部的南阳，年平均气温相差0.3℃，年平均降水量相差318.2 mm。

江苏省自北向南跨3个生物气候带，土壤的水平地带性分布规律明显，主要有旱作土和水稻土两类，且以水稻土为主（段金龙，2013）。该省土壤资源的特点可以从低山丘陵土壤、平原旱耕土壤和水田土壤三个方面进行了解：①低山丘陵土壤面积1247.5万亩[①]，占全省土壤总面积的13.5%，包括棕壤、褐土、黄褐土、棕红壤、石灰（岩）土、紫色土、暗色土和粗骨土等土类。棕壤是在暖温带湿润、半湿润气候条件下形成的，面积241.3万亩，占全省土壤总面积的2.62%，主要分布在江苏省东北部的低山丘陵区，有三个亚类。②平原旱耕土壤面积为4653.3万亩，占全省土壤总面积的50.45%，包括徐淮、沿江、沿河平原旱作区的潮土、滨海平原区的滨海盐土、徐淮岗地与平原交接地带的砂姜黑土和沿湖低洼地区的沼泽土4个土类。③水田土壤划为水稻土土类，面积为3323.3万亩，占全省土壤总面积的36%。其中，以苏州、扬州等市面积最大，包括低山丘陵区上部的

① 1亩≈666.7m^2。

淹育型水稻土、低山丘陵及平原区的漂洗型水稻土、新冲积平原区的渗育型水稻土、低山丘陵谷地冲田和湖积冲积平原区的潴育型水稻土、湖积平原区低平田的脱潜型水稻土和湖洼低田的潜育型水稻土6个亚类（陆彦椿等，2002）。由于大量使用农药和化肥，城郊地区土壤污染和城市扩张进程加快，江苏省的土壤也出现一定问题。

2.1.2 地表水资源

河南省降水量在时间和空间上分布较为不均匀，全省径流与降水分布大体一致，总体特征为“南部多于北部，山地多于平原，自南向北、由西向东递减”。河南省季风气候明显，多年平均气温为12.8～15.5℃，年降水量在600～1400 mm递增。流经河南省的水系分属淮河、黄河、海河、长江四大水系，流域面积超过100 km^2的河流有491条，其中1000～10000 km^2的河流有52条，10000 km^2以上的河流有7条（沈兴厚，2005）。全省多年平均降水量为785 mm，且仅24%形成了地表河川径流，天然的地表水资源约有312 m^3，人均水资源占有量相当于全国平均水平的六分之一（穆广杰，2011）。由于受季风气候的影响，河南省春季易发生干旱，降水多集中在6～8月，地表径流在年内和年际之间的变化都很大，雨水充足年份的年降水量是干旱年份的6～8倍，且年内集中在汛期的降水量占全年降水总量的60%～75%。在区域分布上，50%左右的水资源量主要集中在信阳和驻马店等地区，河南省的北部、中部和东部水资源总量及人均水资源占有量较少（李秀灵，2009）。

江苏省多年平均降水量为850～1200 mm，总体特征为“南部多于北部，沿海多于内陆，自东南部向西北部递减”（段金龙，2013）。全省河网较多，湖泊多达290多个，水面面积约17300 km^2，占全省总面积的17%，在全国水面积中居于首位。一方面，江苏省水资源总量相对比较丰富，2010年水资源总量达到383.5亿 m^3；但另一方面，近年来随着经济的发展，水污染问题日趋严重，人口密度大，虽然水资源总量较其它省份大，但是人均占有量不高（489.9 m^3），若不重视，水资源短缺会越来越成为制约经济发展的重要因素（赵晨等，2013）。此外，江苏省内具有较大的过境水资源，其平均过境水量达 9.49×10^3 亿 m^3，然而由于年内及年际降水量变化较大以及引江工程能力对引水的限制，总体上来说水量可用但不可靠（黄莉新，2007）。

总体来讲，河南省和江苏省由于地理位置和气候等因素的不同，地表水资源在分布特征和降水特点等方面存在很大差异，且江苏省的地表水体总量、水网密度、湖泊和水库等方面优于河南省。但是，两个省份的人均水资源占有量均不高，降水均呈南多北少、夏季多冬季少的特点。

2.1.3 地 形 地 貌

地形是地物形状和地貌的总称，包括地球表面上分布的高低起伏的各种形态，是固定性的物体。从地形学角度来讲，地形与地貌是不完全一样的，地形偏向具体特征而地貌是整体的特性。陆地上的5种基本地形分别为平原、丘陵、山地、盆地和高原。

河南省是一个平原和山丘分界明显，其面积大致对半的省份，处于我国第二级地貌台阶和第三级地貌台阶的过渡地带。省域地表形态复杂，可分为豫东平原、豫北山地、南阳盆地、豫西山地和豫南山地五个区域。西部的太行山、小秦岭、嵩山、熊耳山、外方山和伏牛山等，海拔达 2000 m，处于我国第二级地貌台阶的前缘。东部平原区和南阳盆地及其以东的山区丘陵是我国第三级地貌的组成部分。根据地貌特点，河南省可划分为平原、丘陵和山地三大一级地貌，中山、低山、侵蚀剥蚀丘陵、黄土台地丘陵、堆积平原、冲积风成沙丘岗地六种二级地貌单元，往下又可细分为不同的三级地貌。南阳盆地以北、黄河以南、京广线以西的山地丘陵，习惯上称为“豫西山地”，是河南省山地的主体，从山脉体系上看属于秦岭山系向东延伸的部分。在豫西山地与太行山之间，西起省界，东到省会郑州，有一条呈狭长条带状分布的黄土地貌地区，它的西部与黄土高原相连接，但地貌发育程度不如黄土高原典型。南阳盆地位于河南省西南部，北为伏牛山，西有尖山和霄山，南部连接襄樊盆地，属于开口向南的扇形山间盆地。在盆地的外缘是低山丘陵，边缘多为起伏的岗地，海拔多在 140～200m。京广铁路以东、大别山以北全是广阔的冲积和湖积平原，在河南称为“豫东平原”，是我国最大的平原（华北平原）的一部分（河南省土壤普查办公室，2004）。

江苏省地处长江、淮河的下游，是长江三角洲的重要组成部分，其地理区位优势明显。它是我国地势最低的省份，大部分地区的海拔低于 50m，地面平均坡度为 0.68°，平均海拔仅为 13.3 m。江苏省河道密布，以平原为主要地形，主要包括江淮平原、徐淮平原、长江三角洲平原和滨海平原，其面积为 70600km^2，占全省总面积的 68.9%。低山丘陵区主要集中于该省的北部和西南部，约占全省总面积的 14.3%。其中，低山主要分布于连云港市的云台山，黄海高程高于 300 m（承志荣，2013）。

2.2　不同自然要素间的交互关系

2.2.1　土壤和水资源

在水文循环过程中，不同的圈层形成了大气水、地表水、土壤水和地下水，它们各自独立又相互影响、相互制约和相互转化（刘锦等，2015）。其中，大气水主要指大气降水，它是地表水、土壤水和地下水的主要来源。大气降水落到地面形成地表径流（即地表水），之后经过植被、地形和土壤等下垫面，被土壤拦蓄的部分入渗后形成土壤水，受到重力的作用后，下渗的部分转化为地下水。土壤水指存储于多孔介质土壤中的非饱和状态水，其接收大气水、地表水、地下水和灌溉水的多重补给，主要消耗的部分有陆地表面蒸发和植物蒸腾，通过这种方式又转化为大气水（张德祯和徐世民，1993）。土壤水是水资源的重要组成部分，是四水循环的核心环节，其可以输送植物生长所需要的盐分。关于土壤水分的基础理论和应用方面的研究，已有较为详细的综述与总结（肖德安和王世杰，2009）。

地表水对土壤的影响主要取决于地下水的地下径流和下渗程度。在山地丘陵地区坡度较大的地形部位，其以地表径流为主，若植被覆盖度较差，水土流失严重，则土层较薄，会形成没有发育或者是发育较弱的石质土和粗骨土。在地形相对较为平缓的部位，母质在侵蚀和堆积这两种作用下，同时受到地表水径流和下渗的双重影响，发育较厚的土层。在侵蚀或堆积明显的区域易形成不同类型的幼年土，即土壤分类系统中的“性土”。而在相对稳定的部位（如洪积扇），地下水以下渗为主，土层更厚，由于黏粒和碳酸钙的淋淀作用较明显，出现黏化和积钙作用，在暖温带会形成发育明显的淋溶褐土、褐土、石灰性褐土，在北亚热带形成黄褐土和黄棕壤等地带性土壤（河南省土壤普查办公室，2004）。

地下水对土壤形成及性状的影响主要反映在平原地区。在地形的影响下，其会形成相对径流高区和相对径流低区。在地下水水位较高的情况下，地下水能沿着毛管上升到达地表，改变土壤水分状况，使土壤发生夜潮现象而形成潮土。在河流沿岸，地下水矿化度很高，土体毛管作用较强，蒸发量大于降水量，地下水蒸发强烈，使得可溶性盐在土体表层积聚，土壤盐化和碱化发生，从而形成盐土和碱土。在河流滩地、冲积平原或平原中地势较高的部位，地下水长期下降到一定的深度，如 5m 以下，地下水沿毛管上升只能影响到土体的下部，地下水对土体的补给减弱，土壤容易发生淋溶，黏粒和可溶性盐发生弱的淋淀，多形成脱潮土。

2.2.2 土壤和地形地貌

土壤学和地形学被认为是独立的系统学科，但实际上其在形式上是一个不可分割的系统（Joseph et al.，2016）。除地带性分布规律对土壤资源的空间位置分布有影响外，地形、水文、母质和地质等条件也会对其造成不同的影响，如地形影响水热条件的再分配，山地不同坡向的水热条件不同，因而在阳坡、阴坡不同的空间位置上，就可能分布着不同类型的土壤。

地形地貌直接影响着母质、光热条件的差异及水分和降水在地球表面的重新分配，其在土壤发生和形成过程中起着非常重要的作用，也是其中不可缺少的一环。地形地貌对土壤水分重新分配、母质重新分配、接收太阳辐射程度、植被等均有影响（河南省土壤普查办公室，2004）。当降水条件相同时，不同的地形地貌，如洼地、平原、丘陵、山地等所接收的降水状况呈现差异性。洼地不但要全部接收降水，而且还要汇集地表径流，所以常呈过湿现象，或出现地表水和地下水相接的现象。平原接收降水均匀，湿度也比较稳定，丘陵和山地各个部位接收降水不均匀，干湿多变。因此，不同地形部位的成土过程是不同的（河南省土壤普查办公室，2004）。

平原地区，地表水对土壤形成和性状的影响，尤以河流的影响最为显着，如黄河对豫东平原土壤的影响最广泛、最明显。但是，地下水埋藏的深度不一，在地势较高的地段，地下水位较深，则多形成脱潮土亚类，而在低洼地段，地下水位接近地表，甚至有局部积水过多导致发生水涝过程，多形成潮土亚类或沼泽土，有的发生盐渍化。在丘陵山地，地下水不参与成土过程，径流发达，但不易渗吸降水，在不同部位上，土壤湿度差别较大，多形成地带性土壤，如褐土、棕壤、黄褐土和黄棕壤等。

2.2.3　地形和水资源

陆地上水资源的来源主要有大气降水、地下水（深层、浅层和表层）、冰川积雪融化水、天然形成的湖泊河流及水库储蓄水，此外还有以生物和矿物形式储存的水。其中，天然降水主要有海陆循环、大气循环降水和当地水汽循环降水。而地下水、冰川融化水、天然湖泊河流及水库等实际上都是由降水所形成的水的不同存在形式。至于深层地下水，一经开采利用，其与浅层地下水相比更难以恢复，且其恢复和更新的周期更长，所以应当被视为一种战略资源（王红旗，2000）。地形对降水的影响表现在很多方面，如喇叭口地形的降水一般少于迎风坡地形的强降水，这是由于气流遇到迎风坡地形后被迫抬升形成了局部降水，大型山脉也会影响局部地区降水的位置和范围。欧亚大陆地区远离海洋，光热条件好，降水相对稀少，但区域内的高山地貌由于特殊的地理位置和地形地貌特征，可以依靠夏季降水量和冰川融水形成众多的河流，并为农业的发展提供优越的自然条件（程维明等，2012）。

水体的搬运、侵蚀和沉积等作用在一定程度上削高填低，从而形成具有不同特征的地形地貌。地势陡峭、土壤和水资源匮乏的地区适合发展林业，地势平坦、土壤肥沃和水资源丰富的地区适合发展农业，河流、湖泊和水库较多的地区适合发展水产养殖业。目前，地形与降水分布研究主要有地形对降水影响规律的研究、地形因子与降水量之间的相关关系和基于地形的降水分布数值模拟研究等（安小艳，2015）。基于地形和水资源相关数据，对二者发生的关系进行研究对生态环境效应来说是有意义的。

2.3　不同自然要素多样性的研究方法

2.3.1　研究使用软件和数据来源

研究使用专业的遥感处理和空间分析软件 ENVI 4.5 和 ArcGIS10.0，数据分析软件主要有 IBM SPSS 19.0 和 Microsoft Office Excel 2007。研究所用土地利用数据和面状地表水体数据来自美国陆地卫星 Landsat-4 和 Landsat-5 搭载的主题成像仪（thematic mapper，TM），其影像分辨率为 30m。它共有 7 个波段，分别为蓝绿波段、绿色波段、红色波段、近红外波段、中红外波段、热红外波段和中红外波段；Landsat-7 搭载的增强型主题成像仪（enhanced thematic mapper，ETM+）共有 8 个波段，与 TM 影像相比多了一个全色波段（分辨率为 15m）；Landsat-8 搭载的陆地成像仪（operational land imager，OLI）和热红外传感器（thermal infrared sensor，TIRS）分别有 9 个和 2 个波段，与 ETM+影像相比多了一个应用于海岸带观测的气溶胶波段（分辨率为 30m）、热红外传感器 1 和热红外传感器 2（分辨率为 100m）。其中，部分研究案例中的线状地表水体数据是从面状地表水体数据中提取的。大尺度控制下的河南省地形分类和线状地表水体数据主要来自从地理空间数据云下载的 DEM 数据（WGS 坐标系 UTM 投影）。分类更为详细的地貌数据来自河南省 1∶175 万地貌类型图的矢量化，土壤数据来自全国第二次土壤普查数据（河南省土肥站）。

以上遥感数据源和 DEM 数据均从地理空间数据云平台下载，数据年份主要是 21 世纪初的多时相遥感数据，获取日期见下文的第 3 章、第 4 章、第 5 章、第 7 章、第 8 章、第 10 章和第 11 章。其它相关数据包括《江苏土壤志》、行政区划矢量和《中国统计年鉴》（2013～2015 年）等。

2.3.2 土地利用分类

土地利用分类作为研究中重要的前期数据准备，主要提供地表水体数据，其本身的多样性特征不是本书的主要研究内容，故这里不再赘述其多样性的研究方法，而着重对土地利用分类标准和监督分类过程等进行介绍。

以现有土地利用状况为基础，土地利用分类依照不同区域利用土地的方式、结构和特征的相似性与差异性而进行划分和归并，从而在国家层面上对土地资源现状进行掌握，因地制宜地制定土地政策并合理利用土地资源是国家非常重要的基础性工作之一。人类依据土地资源特征、自身生存与发展经济的需要，以各种形式对土地资源进行不同程度的利用和开发。在不同时期，土地利用现状的情况全面反映了不同阶段土地资源的属性和当时经济的特性，为了更好地实现对土地利用的管理，有必要对土地利用进行分类。在我国，土地利用分类依据目的不同而形成功能分类标准、形式分类标准和依据土地覆盖的综合标准。其中，土地利用综合分类是土地资源管理中最为常用的标准（吴次方和宋戈，2009）。

自 1980 年以来，不同时期的土地管理目的和需求存在着差异，据此我国形成了不同的土地调查分类体系，主要包括土地利用现状分类体系、城镇土地分类体系、城市用地分类体系，它们分别在土地利用现状调查、城镇地籍调查和城镇用地分类与规划建设用地标准中被采用。1998 年为了实施土地用途管制，我国制定了《中华人民共和国土地管理法》，并对土地利用现状分类体系进行了规定，2001 年国土资源部在上述分类的基础上发布《全国土地分类（试行）》，并于 2002 年 1 月 1 日起在全国范围试行。为进一步摸清土地利用状况并掌握其真实数据，以满足国家土地资源管理的需要及更好地促进社会经济的发展，2007 年颁布《土地利用现状分类》国家标准，并将其应用于第二次全国土地调查工作中。该标准采用二级分类，其中一级分类 12 个，二级分类 57 个（吴次方和宋戈，2009）。

研究区的遥感影像数据空间分辨率为 30 m，结合研究区的实际情况，并参考 2007 年《土地利用现状分类》国家标准，将影像数据解译为城镇建设用地、交通运输用地、林地、耕地、水域及水利设施用地和工矿仓储用地 6 类。其中，城镇建设用地包含县级以上行政区域的主城区和乡镇范围内较大面积的建筑斑块；耕地包括旱地、水田等主要的自然斑块；林地主要包括山区和平原地带较大型的林场等；水域及水利设施用地主要包括河流、水库、湖泊等；交通运输用地包含不同行政区域之间主要的公路、铁路和机场用地等；工矿仓储用地包括大型的矿山开采区、工业区的厂房及城镇周边的仓库区域等。

按照上述分类标准，运用 ENVI 4.5 软件的监督分类功能，对研究区的遥感影像数据进行分类，并将分类结果导入 ArcGIS10.0 对其属性进行管理，以便后期进行数据分析。数据处理工作包括数据预处理、监督分类和数据统计与分析，具体内容如下。

（1）数据预处理。ENVI 4.5 软件对遥感数据的初步处理过程分别有几何校正、波段融合、图像镶嵌与裁剪。①几何矫正：获取的遥感影像是同一天的数据直接进行拼接，如果不是，则需要进行几何校正后才能拼接。在主菜单 map（地图）→registration（校对）→select GCPs：image to image（图像到图像）按钮（其中，base image 是基准影像，warp image 是待矫正影像，且在具体操作中先单击待矫正影像，再单击基准影像），以已经完成几何精矫正的影像作为基准，选择 30～50 个具有明显特征的地物点（通常是河流或道路的交叉点）。然后，对选择的点按照误差进行排序，并逐个对地物点进行检查，删除边远地区和不清楚的点，有必要时重新添加新的地物点，直到影像配准精确为止。②波段融合：在主菜单 map→layer stacking（波段融合）对 Landsat-7 获取影像的 5 波段、4 波段、3 波段，Landsat-8 获取影像的 6 波段、5 波段、4 波段进行融合。③图像镶嵌与裁剪：当研究区范围分布在两幅及以上不同景的影像上时，运用主菜单 map→mosaicking（拼接）→ georeferenced（地理参照）功能进行图像镶嵌。然后以研究区的矢量边界为基准，通过 export active layer to ROIs 把矢量边界变为感兴趣区域，然后通过 ROI tool→subset via ROIs，即通过感兴趣区域裁剪出研究区的影像。

（2）监督分类。在 EVNI 4.5 软件中打开研究区预处理后的遥感影像，在主菜单→basic tool（基本工具）→region of interest（感兴趣区域）→ROI tool 工具栏内新建 6 个土地利用分类的名称（ROI name）：城镇建设用地、交通运输用地、林地、耕地、水域及水利设施用地和工矿仓储用地，并分别选择相应的表示颜色。然后，在 zoom（放大）状态下分别为 6 个土地利用分类选择 20 个以上的最佳样本点，并计算不同分类样本点间的隔离性（ROI tool→options→compute ROI separability）。样本点隔离性的绝对值均大于 1.9 时表明不同样本间的区别性较大，此时保存样本点并运用监督分类中的最大似然分类方法（classification→supervised→maximum likelihood），根据 6 个分类的样本点自动生成研究区的土地利用分类。

利用最大似然分类方法得到的土地利用分类精确度不高，需进行人工目视解译。首先，去除噪点（classification→ post classification→majority/miniroty analysis），并参考谷歌地球高分辨率卫星影像，利用分类对研究区初步生成的土地利用分类结果进行核对与修改。该项工作任务量较大，对于计算机分类不准确的大片区域，建议先归并为耕地之后再细分城镇建设用地、水域及水利设施用地、交通运输用地等，这样就免于在分类过程中不断切换地类，从而减少工作量，提高效率。

（3）数据统计与分析。将解译后的土地利用分类保存为.tiff 格式并导入 ArcGIS10.0 中。首先，利用空间分析（spatial analyst）→根据掩膜提取（extract by mask）工具裁剪出研究区土地利用分类栅格数据。然后，将栅格数据转为矢量数据（arctoolbox→conversation tools→ raster to polygon）。之后，管理属性表，赋上不同土地利用分类的名称并计算面积（open attribute table→add field）。最后，输出并保存数据，为下一步的特征研究和关联性分析做准备。

2.3.3 土壤和地形地貌多样性

地形地貌作为主要的地学要素，其研究方法与土壤多样性的研究方法类似。2 个自然要素的多样性分析主要包括经典的仙农熵指数测度方法［式（2.1）和式（2.2）］和改进的仙农熵公式测度方法［式（2.3）］。二者的不同之处是经典的仙农熵指数主要表征土壤/地形地貌类别数目及分类单元的数量多样性，而改进的仙农熵公式 Y_h 还可描述一定网格尺度下地形地貌或土壤的每一个类型在空间分布上的离散性格局。因此，两种方法具有上升递进的模式。

仙农熵公式作为经典的土壤/地形地貌多样性计算方法，其表达式如下所示：

$$H' = -\sum p_i \ln p_i \tag{2.1}$$

式中，H' 为多样性指数（孙燕瓷等，2005a，2005b），它表示土壤/地形地貌种类的多样性程度，取值范围为 $[0, \ln S]$；S 为土壤/地形地貌类别数目，即丰富度指数；p_i 为第 i 个土壤/地形地貌占总土壤/地形地貌的面积比例。

均匀度指数：

$$E = H' / H_{\max} = H' / \ln S \tag{2.2}$$

式中，E 为均匀度指数（任圆圆和张学雷，2015a，2015b），取值范围为 $[0,1]$，用于表征研究区土壤/地形地貌类别分布的均衡程度，E 值越大表明其分布越均衡，$E=0$ 时表明整个研究区内仅一个土壤/地形地貌类别，$E=1$ 时表明研究区特定区域所有土壤/地形地貌类别具有相同的覆盖面积；$H_{\max}$ 为所有土壤/地形地貌类别以相同概率出现时的 H' 值，即 $\ln S$。

为更好地评价研究对象的空间分布离散性，使用改进的仙农熵变形公式，即空间分布面积指数（modified Shannon diversity area index，MSHDAI）：

$$Y_h = \frac{-\sum_{i=1}^{S} p_i \ln p_i}{\ln S} \tag{2.3}$$

式中，S 和 p_i 定义如下。

（1）表示土壤/地形地貌构成组分多样性时：S 为土壤/地形地貌个数；p_i 为第 i 个土壤/地形地貌占总土壤/地形地貌的面积比例。此时多样性指数 Y_h（Yabuki et al.，2009）表示研究区内所有分类单元在数量构成上的多样性，等同于均匀度指数（张学雷等，2004）。

（2）表示土壤/地形地貌空间分布多样性时：S 为空间网格数目；p_i 为第 i 个空间网格中某个土壤/地形地貌占总土壤/地形地貌的面积比例。此时多样性指数 Y_h 表示研究区内两个自然要素的空间分布多样性，表征离散性程度和多样性格局，取值范围为 $[0,1]$。当研究对象中一个或少数几个对象占支配地位时，Y_h 的取值趋于 0；当各个对象的分布都均匀时，Y_h 等于 1。

2.3.4　地表水体多样性

地区水情主要指当地水资源的数量、分布及动态情况。我国幅员辽阔，水资源在不同地区、不同年份和季节间的分配不均，供水和需水程度在时间和空间上也不一致，时旱、时涝或旱涝交替。同时，水资源是影响农业高产的一个重要原因，因此，需了解区域水土资源条件，以便通过工程措施改变和调节不同地区的具体水情（郭元裕，2015）。

本书地表水体数据的获取方式有两种：一是从监督分类后的土地利用分类中提取面状和线状水体数据。二是从 DEM 数据中利用 ArcGIS10.0 的水文分析模块提取线状水体信息，具体获取方法分别见第 3 章 3.2.2 节提取地表水体中心线和第 7 章 7.1.1 节数据来源与处理相关内容。

一般主要采用改进的仙农熵公式测度方法 Y_h（段金龙和张学雷，2011，2012a，2012b），即空间分布面积指数和水网密度（RD）（凌红波等，2010；任圆圆和张学雷，2014；袁雯等，2007；张健枫等，2013）对地表水体进行研究，本书在对地表水体的研究中提出了一种新的测度方法——空间分布长度指数（modified Shannon diversity length index，MSHDLI）（任圆圆和张学雷，2014）。空间分布长度指数［（式 2.6）］及其与水网密度、空间分布面积指数间的关系在第 3 章 3.2.3 节进行具体介绍与分析。

1）水网密度

干支流总长度与流域面积的比值称为水网密度，又称水网密度，即某流域单位面积内的河流长度，它主要对水系发展与河流分布的疏密程度进行描述。当某地区水网密度较大时，水资源总量较为丰富；反之，则水资源总量较少（任圆圆和张学雷，2014）。其计算公式如下所示：

$$\mathrm{RD}=\frac{\sum L}{\mathrm{TA}} \tag{2.4}$$

式中，RD 为水网密度；$\sum L$ 为研究区内的水体总长度；TA 为研究区总面积。

2）空间分布面积指数

$$Y_h=\mathrm{MSHDAI}=\frac{-\sum_{i=1}^{S} p_i \ln p_i}{\ln S} \tag{2.5}$$

式中，S 为空间网格数目；p_i 为第 i 个空间网格中的水体占总水体的面积比例；多样性指数 Y_h 表示研究区内水体空间分布的多样性，其取值范围为 $[0,1]$。

3）空间分布长度指数

$$I_L=\mathrm{MSHDLI}=\frac{-\sum_{i=1}^{S} L_i \ln L_i}{\ln S} \tag{2.6}$$

式中，I_L 为地表水空间分布长度指数，取值范围为[0,1]，当仅有一个网格中存在水网时，I_L 为 0，而当所有网格中均含有水网且分布较为均匀时，I_L 趋近于 1；S 为某网格尺度下的网格数目；L_i 为第 i 个网格中的水网与区域水网总长度的比值。

2.3.5　空间粒度效应

空间异质性是一种在多尺度上普遍存在的自然、社会和文化现象。认识不同景观格局的空间多样性对生态学过程的影响需要对空间异质性进行量化。该量化具有尺度依赖性，即不同尺度上所表现出的格局不同（申卫军等，2003）。目前，尺度问题作为现代生态学的核心问题之一的观点已经得到了广泛的认同，不同的景观格局在空间上是相关的，且具有尺度依赖性。所以，理解景观的功能和结构需要多尺度的信息（周婷和彭少麟，2008）。

在生态学中，空间尺度通常指粒度或空间幅度，尺度效应是客观存在的限度效应，包括幅度效应和粒度效应。尺度效应研究是理解生态过程和格局的关键。其中，空间粒度是空间上最小可辨识单元所代表的面积、体积或长度等，随着像元大小的改变，研究结果也会随之产生相应的改变（陈永林等，2016）。粒度效应指在幅度一定的情况下，通过改变粒度即栅格大小并用生态学变量来分析景观格局或要素的变化特征。幅度效应是在粒度不变的情况下，通过改变研究的幅度来分析景观格局特点（许丽萍，2014）。

随着空间粒度尺度的增大或变小，单个图斑的边界和形状等会随之发生变化（如随着粒度变大，较细小的斑块可能会被优势景观斑块融合），从而导致景观的空间异质性发生变化。同一景观在不同空间粒度下的变化情况如图 2.2 所示，从图 2.2 可以看出，随着空间粒度值的增大，土壤斑块的边界会发生不同程度的变化，这种变化会对研究结果产生影响。所以，在对土壤或其它单个要素及不同地学要素间的关联性分析中，加入空间粒度方法以便研究相关关系的稳定是有必要的。

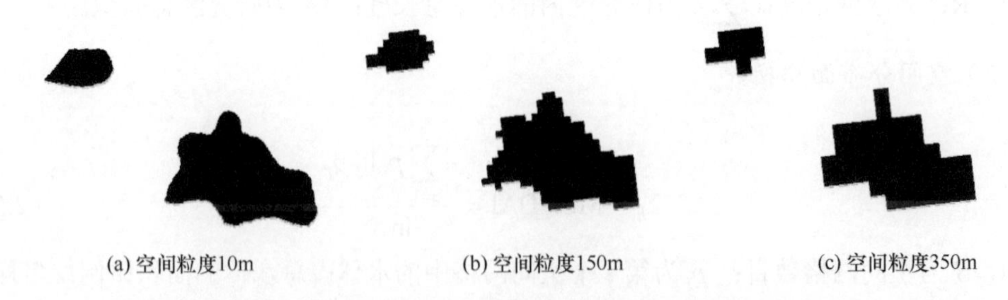

(a) 空间粒度10m　(b) 空间粒度150m　(c) 空间粒度350m

图 2.2　土壤斑块在 10m、150m 和 350m 空间粒度下的变化

对一幅栅格数据进行不同粒度的效应分析主要通过重采样的方法实现，重采样的工具在 ArcGIS10.0 中的 arctoolbox→data management tools→raster→ raster processing→resample 一栏中。

2.3.6　资源分布的关联性

1. 地表水体粒度效应及与土壤多样性间的关联

变量之间的相关关系是相关性分析的主要研究内容，可从中得出显着和不显着变量，在此基础上还可进行进一步的分析与预测，如回归分析和因子分析等（任圆圆和张学雷，2014；申卫军等，2003）。研究采用 Pearson 积矩相关系数中的双变量（bivariate）相关分析（任圆圆和张学雷，2014）。

考虑到地表水体的面状和线状形态不同，度量不同空间粒度下地表水体不同指数间、地表水体与土壤多样性间关联程度的公式为

$$r(A,B)=\pm\max\left\{\left|r_l(A,B)\right|,\left|r_{nl}(A,B)\right|\right\} \tag{2.7}$$

式中，$r(A,B)$（任圆圆和张学雷，2014，2015a，2015b）为任意一个指数 A 和其它指数 B 间的关联系数，其符号的正负与选取的原始值符号保持一致；$r_l(A,B)$ 和 $r_{nl}(A,B)$ 分别为两者之间的线性相关系数（Pearson 积矩相关系数）和非线性相关系数，对其定义如下：

$$r_{nl}(A,B)=\pm\max\left\{\left|r_l(\ln A,B)\right|,\left|r_l(A,\ln B)\right|,\left|r_l(\ln A,\ln B)\right|\right\} \tag{2.8}$$

式中，$r_l(\ln A,B)$（任圆圆和张学雷，2014，2015a，2015b）、$r_l(A,\ln B)$ 和 $r_l(\ln A,\ln B)$ 分别为 A 的自然对数与 B、A 与 B 的自然对数和 A 的自然对数与 B 的自然对数之间的 Pearson 积矩相关系数；$r_{nl}(A,B)$ 的正负号与所取的原始值符号一致。最后，分别在 $P=0.01$ 和 $P=0.05$ 下进行显着性检验。

2. 地形地貌与土壤多样性间的关联

因地形地貌与土壤斑块均为面状形态，确定二者多样性之间的相关关系可使用以下关联系数：

$$r\left(A,B\right)=\frac{2Y_h\left(A,B\right)}{Y_h\left(A\right)+Y_h\left(B\right)} \tag{2.9}$$

式中，$r\left(A,B\right)$（段金龙和张学雷，2013）为地形地貌类型 A 和每类土壤类型 B 之间的关联系数；$Y_h\left(A\right)$ 为地形地貌的空间分布多样性面积指数；$Y_h\left(B\right)$ 为土壤的空间分布多样性面积指数，可运用式（2.5）进行计算；$Y_h\left(A,B\right)$ 表示地形地貌类型 A 和土壤类型 B 公共斑块的空间分布多样性。其计算公式如下：

$$Y_h\left(A\right)=\frac{-\sum_{i=1}^{S}p_i\ln p_i}{\ln S} \tag{2.10}$$

$$Y_h\left(B\right)=\frac{-\sum_{j=1}^{S}p_j\ln p_j}{\ln S} \tag{2.11}$$

$$Y_h\left(A,B\right)=\frac{-\sum_{i=1}^{S}\sum_{j=1}^{S}p(i,j)\ln p(i,j)}{\ln S} \tag{2.12}$$

式中，$p(i,j)$ 为联合分布概率，表示同时包含地形 A 和土壤类型 B 时的面积比。$r\left(A,B\right)$ 的取值为 $[0,1]$，它对研究区域内地形地貌和土壤在空间分布上的相互叠置程度进行定量描述，反映了地形地貌与土壤间在空间分布上的相关性。当该系数值增加时，地形地貌与土壤的相互重叠部分将增多，其关联性增加。

3. 地形与线状地表水体多样性的特征

为探索地形构成组分多样性与地表水网模型多样性的格局特征，根据研究区的地理位置、自然环境条件、社会经济发展和土地利用状况的不同，将研究区划分为若干面积相近的次级研究区域，并将次级研究区域的线状地表水体状况和地形相关信息进行叠置分析。

对于地形与面状地表水体多样性之间的相关性分析，运用上述关联分析方法中的任意一种进行研究。

综上所述，自然界中的不同要素有紧密的联系，某个研究对象或自然要素只要能够被分级或者有一定的分类系统，就能够分析其多样性特征。但就国际上来讲，分类系统标准的不一致性或分类系统缺失的多样性的研究在一定程度上受到影响。以全球为视角，许多国家由于未运用专业领域的数字化信息技术调查相关信息，因此目前仍没有有效的、标准化的和可更新的土壤信息数据库，很多发展中国家甚至尚未对土壤进行最基础的调查，且没有绘图和详细的记录，这些均阻碍了土壤多样性的计量研究。

在生态学和土壤学文献中也曾对仙农熵多样性指数这一测度方法进行过质疑（McBratney and Minasny，2007；Toomanian and Esfandiarpoor，2010；Phillips，1999，2001a，2001b；Petersen et al.，2010），但它在生物多样性研究中仍具有最广泛的应用，且其测度指数也最为持久（Ricotta，2005；Magurran，2004）。仙农熵指数的应用受到一些约束，近年来越来越多的研究者对其进行改进或推荐使用其它多样性指数，也有研究者对新的指数与仙农熵指数的算法进行比较。然而，到目前为止，仍没有任何指数可代替仙农熵指数。从严格的数学角度来看，仙农熵指数是一个可对多样性量化的、较好的算法（Martín and Rey，2000）。

对土壤、地表水体和地形地貌要素自然特征的对比、数据的获取与处理、相关测度方法的总结，便于开展其多样性格局与相关性分析，从而为资源的合理利用提供数据支撑和指导，同时，也为母质、植被等其它地学要素乃至社会经济发展要素多样性的分析打下基础。

第3章　单一地学要素多样性的内涵探索——地表水体多样性特征

3.1　空间粒度方法的引入

水在人类的发展中起着不可或缺的作用，当前受到人类活动的影响，水资源存在环境遭到了不同程度的破坏，从而出现水资源总体紧缺和过度浪费共同存在的局面，由旱涝不均所造成的灾害等问题逐渐得到社会各界和国家的高度重视。因此，对地表水体在空间上的分布特征进行探索十分必要。同时，地表水体作为重要的地学要素之一，主要有面状和线状两种形态，以往的研究对水网模型的空间分布离散性探索较少。基于此，本章选取地表水体这一单一的地学要素，研究不同形态的地表水体多样性格局。

国外生态地理学研究的相关领域从20世纪60年代开始对尺度问题给予很大的关注（Haines and Chopping，1996；Yaacobi et al.，2007）。在景观生态学中粒度效应是尺度研究的重点，朱明等（2008）探索了空间粒度变化对城市景观格局的影响；郭冠华等（2012）分析了粒度变化对城市热岛效应及空间格局的影响；张庆印和樊军（2013）指出，尤其对于景观格局的研究来说，选择的尺度大小与分析结果的可靠性直接相关，故尺度问题一直以来都是景观生态学研究的核心问题之一。尺度问题也会对土壤和地表水体多样性产生影响，是探索土壤和地表水体多样性研究中非常重要的内容（段金龙和张学雷，2013，2014）。Caniego等（2006，2007）运用多维分形方法，在全球尺度上分析土壤圈结构的尺度非变异性；段金龙和张学雷（2011，2012a，2012b）研究了异网格尺度下土壤和土地利用多样性、土壤和水体多样性的关系；付颖等（2014）研究了北京市近一个世纪以来地表水体在时间和空间上的变化；陈定贵等（2008）对长春市城市发展进程中地表水体所存在的变化特征等进行了研究。综上所述，运用空间粒度方法对土壤、地表水体等自然要素多样性进行的研究极少。

鉴于此，尝试探索不同空间粒度值下地表水体多样性的格局特征。研究地表水体传统的方法有指数水网密度（RD）（袁雯等，2007；张健枫等，2013），其主要对特定区域内地表水体的丰富程度进行表征，但对地表水体空间方面的描述性较差。为此，近年来，国内的部分研究者引进改进的仙农熵指数，选取一定的网格尺度，运用GIS相关技术对地表水体在空间分布上的离散程度进行了探索（段金龙和张学雷，2012a，2012b；张学雷等，2014；段金龙等，2013，2015a，2015b；彭致功等，2014；齐少华等，2013；屈永慧等，2014a，2014b，2014c）。该指数含义的表征和计算在很大程度上与网格尺度大小相关（段金龙等，2015a，2015b）。目前，水体多样性及尺度研究尚处于探索阶段。本章选取河南省的北部、中部和南部的典型样区作为研究区，总结前人研究地表水体多样性测度方法，在此基础之上对空间分布面积指数（MSHDAI）做了部分改进，从而提出新的指数——空间分布长度指数（MSHDLI）。探索 1 km×1 km 网格尺度下，表征地表水体多样性的 3 个指数值对不同空间粒度的响应程度和不同指数间的相关关系、拟合函数分析和多元线性回归模型分析，以期为研究地表水体多样性的内涵提供一个新的视角。

3.2 研究实例

3.2.1 研究区概况与数据来源

分别从河南省北部、中部和南部选择 3 个面积相近的部分典型区域作为研究区，其位置及地表水体分布情况如图 3.1 所示。其中，豫北样区的主要河流有一级河流海河及其支流卫河；豫中样区的主要河流有颍河、双洎河和淮河支流北汝河等，且两个样区均

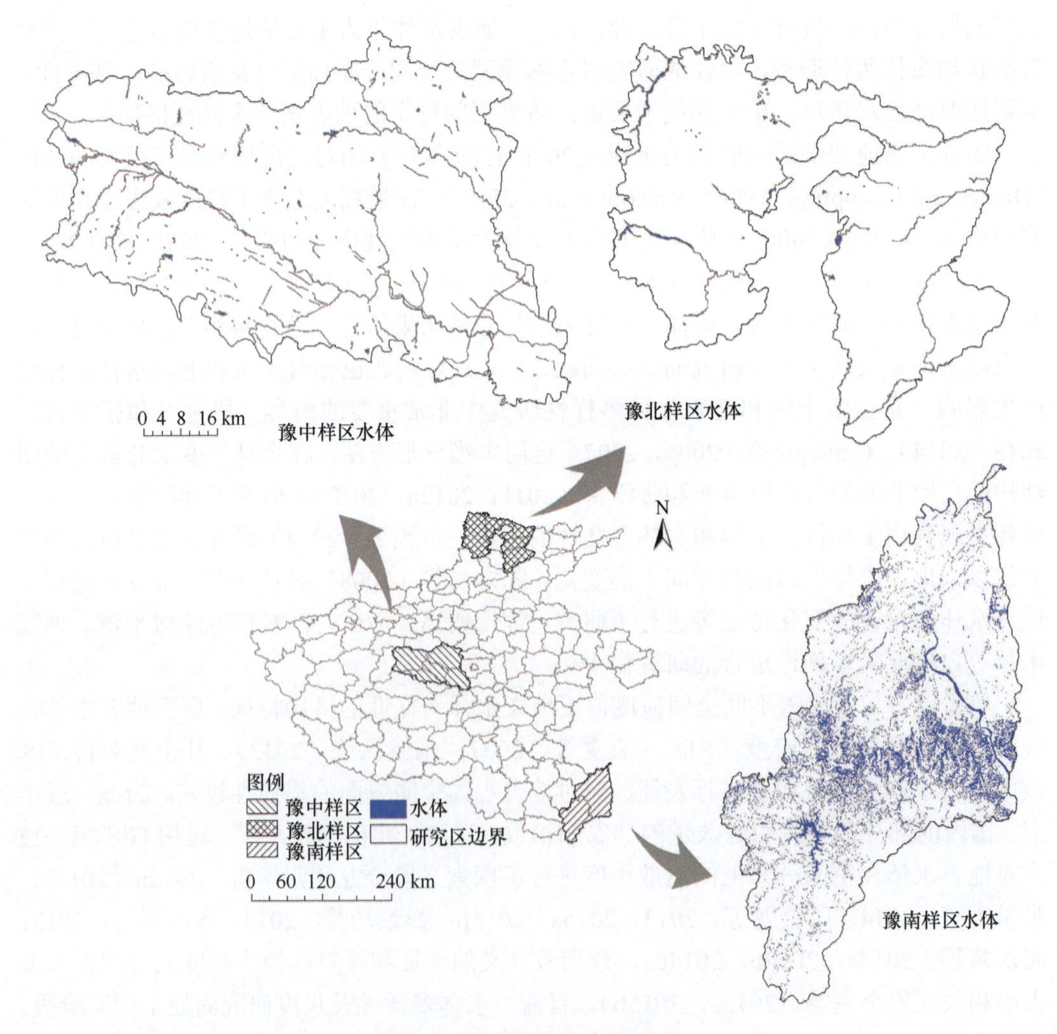

图 3.1　研究区地表水体分布

是条带状河流居多；豫南样区主要有华阳湖、东方红水库、浉河和淮河流域等，该样区的地表水体类型基本包括了地表水体的所有分布形态。

研究区遥感影像获取时期分别是2001年和2013年，来自美国陆地卫星Landsat-7和Landsat-8的TM、OLI传感器数据，见表3.1。由表3.1可知，研究年份相差大且季节不同，其间由于降水量的不同及人为因素等的影响，其地表水体分布会存在一定程度的差异性。但本章旨在探索不同研究区、不同时段内地表水体多样性指数的空间粒度效应、科学性和相关性等，故可忽略影像的时相差异。为了方便比较，三个研究区的面积均约5200 km^2。

表3.1　研究区相关情况表

研究区	研究区具体范围	坐标系及投影	研究区面积（km^2）	水体面积（km^2）	水体比例（%）	数据来源
豫北样区	林州市、安阳县、汤阴县、淇县	WGS坐标系UTM投影	5305.8	57.236	1.0788	Landsat-8（2013年5月）
豫中样区	汝州市、禹州市、襄城县、宝丰县、郏县	WGS坐标系UTM投影	5413.39	62.225	1.1495	Landsat-7（2001年5月）
豫南样区	固始县、商城县	WGS坐标系UTM投影	5071.3	636.46	12.5503	Landsat-8（2013年8月）

运用软件ENVI 4.5和ArcGIS10.0进行数据处理，具体步骤是：①获取土地利用分类栅格数据。在ENVI 4.5软件中，对研究区中的遥感影像数据利用监督分类中的最大似然法进行分类，同时参考谷歌地球高清卫星图对数据进行对比、矫正。②提取水体栅格数据进行19个粒度值的重采样，并与1km×1km网格进行叠加。③计算豫北、豫中和豫南样区不同空间粒度下水网密度、空间分布面积指数和空间分布长度指数值，并分析其粒度响应曲线。④运用IBM SPSS 19.0的Pearson积矩相关系数，计算空间分布长度指数与其它两个指数间的相关关系。⑤对3个指数进行拟合函数研究及多元线性回归模型分析。其中，空间分布面积指数（MSHDLI）为因变量，水网密度（RD）和空间分布长度指数（MSHDAI）为自变量。

3.2.2　提取地表水体中心线

首先，从监督分类后的土地利用分类中提取面状地表水体数据，用空间分布面积指数（MSHDAI）[式（2.5）]计算其空间分布离散性。然后，在面状地表水体数据的基础上，通过ArcGIS的水文分析模块提取地表水体中心线，用水网密度（RD）[式（2.4）]和空间分布长度指数（MSHDLI）[式（2.6）]计算空间分布多样性。之后，按照19个大小不同的粒度值分别对面状、线状水体斑块进行重采样，并计算重采样后的空间分布面积指数、空间分布长度指数和水网密度值的大小。最后，研究三者之间的相关关系及回归模型。

1. 从土地利用分类中提取面状地表水体

图3.2是监督分类后的土地利用分类结果和不同研究区的1 km×1 km网格尺度图。

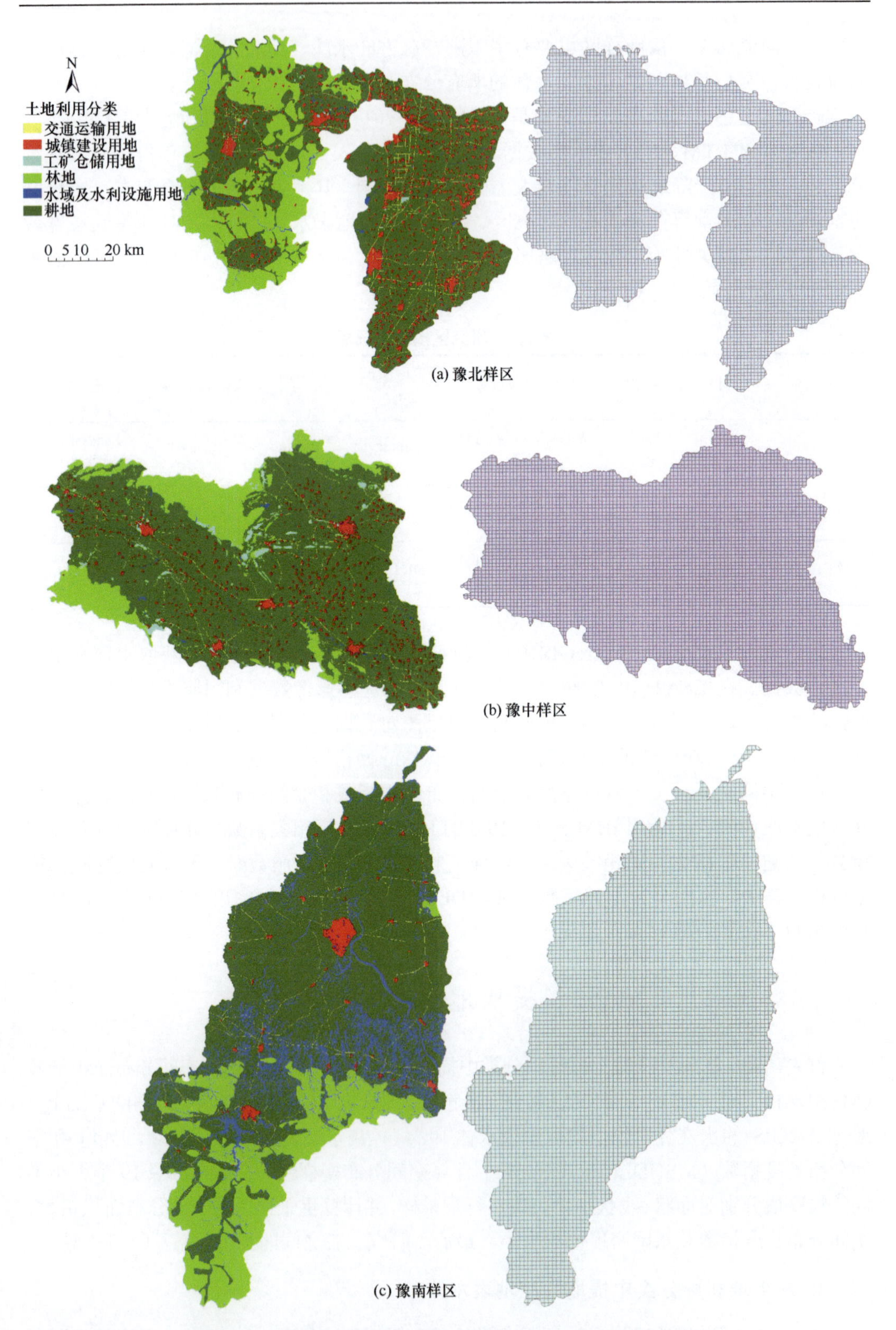

图 3.2　3 个研究区的土地利用分类和 1 km×1 km 网格尺度图

运用 ArcGIS10.0 中的依据属性选择（select by attributes）工具提取面状地表水体数据，提取后的结果如图 3.1 所示。遥感影像中的地表水体包括土地利用分类体系中的河流、坑塘、水库及部分沟渠等。

2. 地表水体中心线的提取

水网长度是一定区域内河流、湖泊和水库等地表水体中心线的长度。运用 ArcGIS10.0 的水文分析模块，从面状的水域及水利设施用地（图 3.1 和图 3.2）中提取水体中心线，获得本章研究案例中的水网模型。地表水体中心线的具体获取步骤为：①水体数据集二值化。运用 ArcGIS10.0 中的空间分析工具（spatial analyst tools）→重分类（reclassify）功能，二值化结果如图 3.3 所示。②提取研究区水体中心线。运用矢量化工具中的生成功能（generate feature），针对湖泊与水库等具有较大河流宽度的面状水体，当中心线提取效果不理想时，在编辑状态下，将环境变量设置为最大线宽和压缩公差，并再次自动提取水体中心线，直至河网生成。③计算河流中心线的长度。以豫南样区空间粒度为 30m 时提取到的水体中心线为例，其水体形态与本章其它研究区相比最为多样化，如图 3.4 所示。

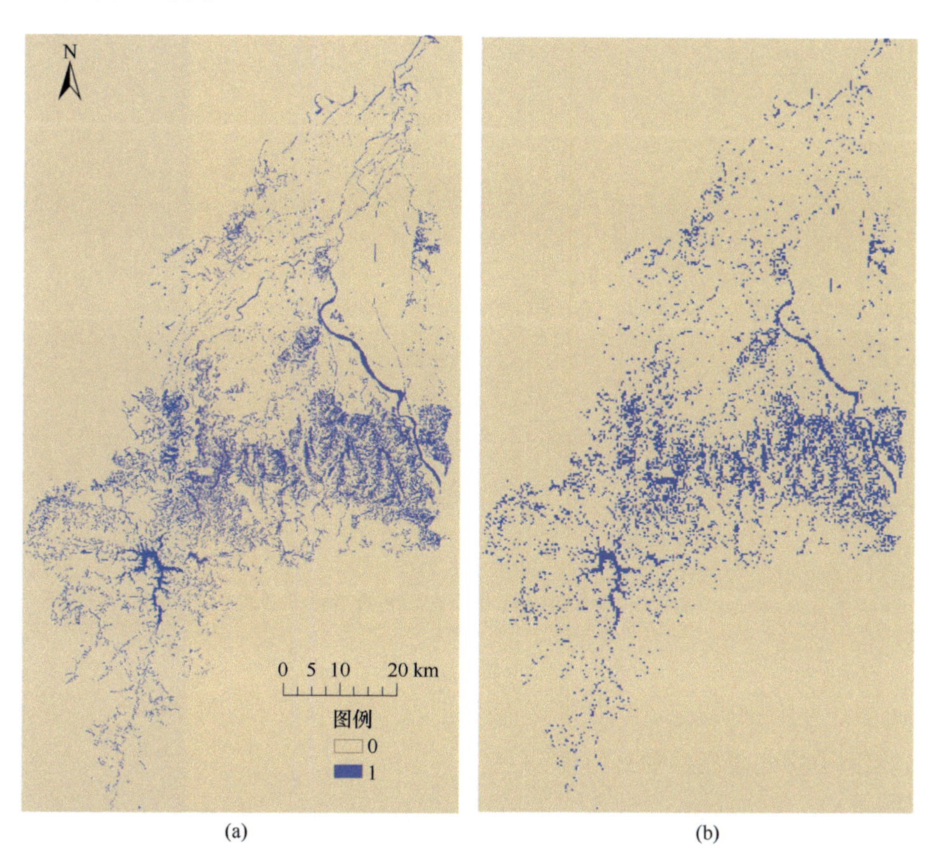

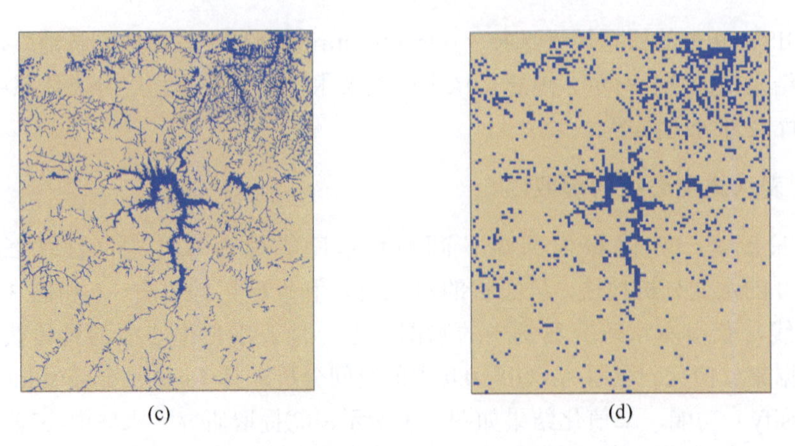

图 3.3 豫南样区空间粒度为 15m 和 300m 的二值化图

图例中 1 代表水体，0 代表水体外的所有地物，(c) 和 (d) 分别是 (a) 和 (b) 的局部分布图

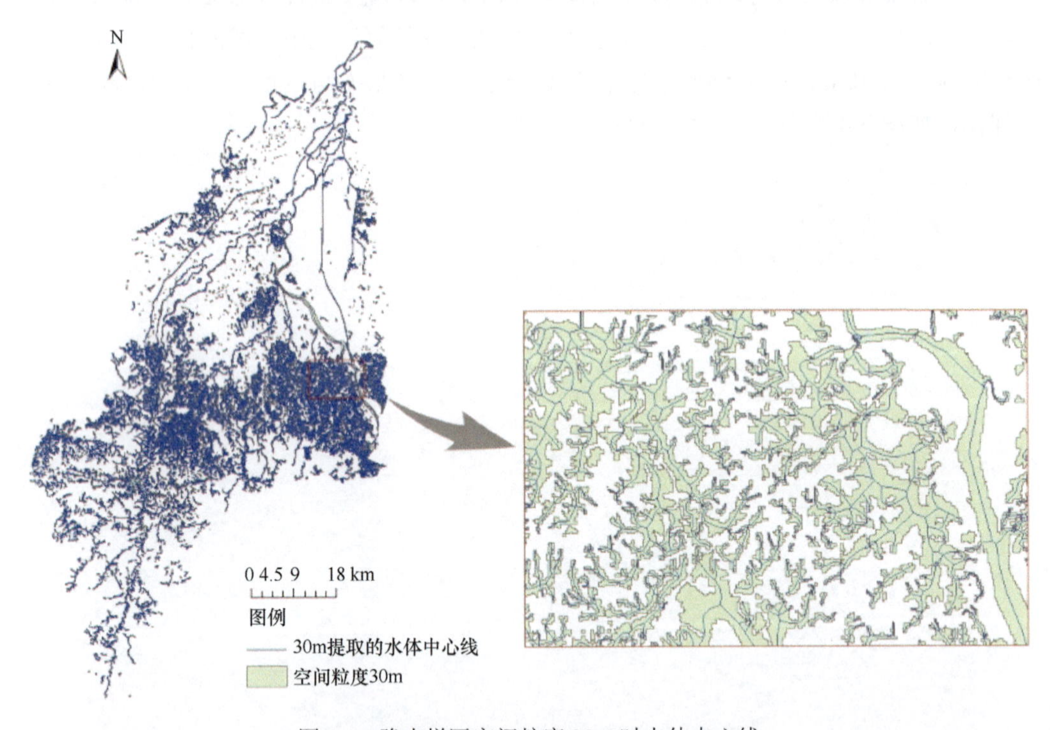

图 3.4 豫南样区空间粒度 30m 时水体中心线

3.2.3 研究方法

1. 空间分布长度指数的适用性

在地表水体主要的测度方法中，水网密度的计算公式相对较为简单，可用来反映单位面积内的水系长度，但其在表征地表水体空间分布的均衡性方面存在不足，而空间分布面积指数（MSHDAI）（即改进的仙农熵指数）的值取决于选取的网格尺度和每一个网格内面积比例大小，其用来表征研究区内的地表水体在空间分布上的离散程度。

简化研究实体并运用恰当的形式与规则对其主要特征进行描述即模型。基于水网密度（RD）[式（2.4）] 和空间分布面积指数（MSHDAI）[式（2.5）] 的特点，对地表水体抽象与简化，并将其作为地表水网模型，即地表水体中心线。从更广的层面对一定区域内地表水体的丰富程度和空间分布离散性进行表征，并运用空间粒度方法对其进行分析与探索。另外，空间分布面积指数的优势是可以表征不同景观分布的离散性，选取的网格尺度大小和每个网格内的面积比例决定了其值的大小，受水网密度公式的启发，用“面积比例”这一变量来衡量地表水网模型显然是不合适的。为保证公式的科学性，借鉴改进的仙农熵公式（段金龙和张学雷，2011），把“面积比例”变量替换为“水网长度比例”变量，将这一公式记为空间分布长度指数（MSHDLI），与第2章2.3.4节地表水体多样性中的式（2.6）保持一致。为了便于比较，改进的仙农熵公式也可称为空间分布长度指数（MSHDLI）。

$$\mathrm{MSHDLI} = \frac{-\sum_{i=1}^{S} L_i \ln L_i}{\ln S} \tag{3.1}$$

该公式中各个变量的含义与第2章2.3.4节地表水体多样性中的相关解释保持一致。

图3.5是豫中样区局部地表水体中心线的分布图，其体现空间分布长度指数的具体算法。其中，8个网格号分别是 i=3912，3913，3914，3915，3815，3816，3817，3818。每个网格内分布的水体中心线长度的总和分别为 L=1.03km，1.16km，0.86km，0.46km，1.34km，1.66km，2.29km，0.67km，网格数目为8。该区域的空间分布离散性值为0.950，因此可知该区域内地表水体均有分布，离散程度较高。

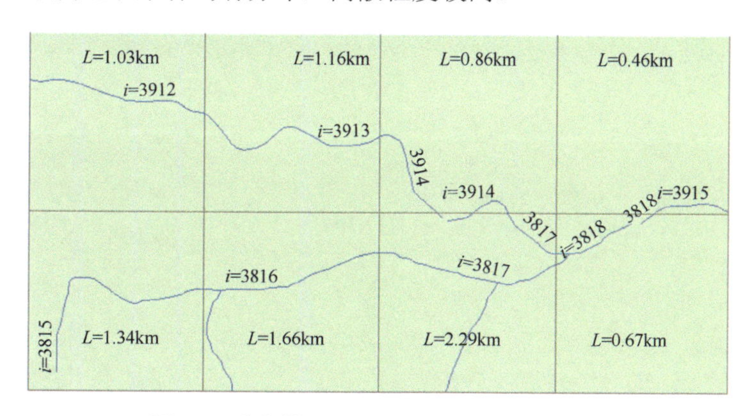

图3.5 豫中样区局部地表水体中心线分布图

$$p_i = 第i个网格内的水体长度/水体总长度$$

$$p_{3912} = 1.03/9.47 = 0.14$$

$$p_{3913} = 1.16/9.47 = 0.18$$

$$p_{3914} = 0.86/9.47 = 0.09$$

$$\cdots$$

$$p_{3818} = 0.67/9.47 = 0.07$$

$$S=8$$

将以上数据代入式（3.1），得出 $I_L = 0.950$ 。

本章将探索这一新的指数在描述地表水网模型时的科学性和适用性，并对 3 个指数间（MSHDLI、RD和MSHDAI）的具体关系进行分析。

2. 粒度推译法

粒度是景观生态学中描述空间尺度的基本单位，分为上推和下推两种推译方式（王聃同等，2013；邬建国，2007）。小尺度信息向大尺度信息转化为上推，反之为下推。依据遥感影像分辨率、研究区的面积和水体的形态特征，并参考景观生态学相关文献中采用的粒度值（朱明等，2008；郭冠华等，2012）来确定本章研究案例中的 19 个不同的空间粒度值，分别为 10m、15m、20m、25m、30m、35m、40m、50m、60m、80m、100m、120m、140m、160m、180m、200m、250m、300m 和 350m，即本章研究中采取上推的方法。随着空间粒度值的增大，不同景观的斑块形状和面积均会不断发生变化，较小的斑块逐渐被融合在大的斑块里面，图 3.6 主要体现了空间粒度由小尺度向大尺度（30m、60m、100m 到 200m）推译的过程中，水体栅格数据不同斑块边界的变化对提取到的水体中心线的影响，该情况会引起相关指数的变化，但并不影响不同景观之间的格局。

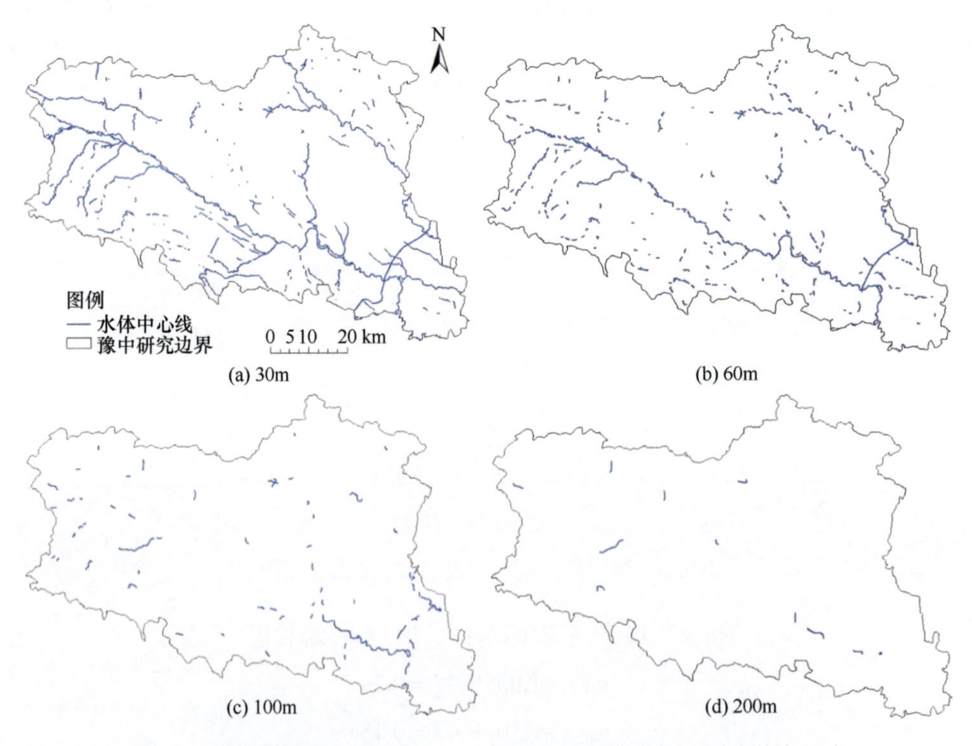

图 3.6　豫中样区空间粒度为 30m、60m、100m 和 200m 时水体中心线

生态学中，随着空间粒度值的增加，不同景观格局的变化特征主要有上升型、下降型、无规律型和无响应型。指数值随着空间粒度值的增大而增加为上升型，随着粒度值的增大而减小为下降型。无规律型是指数值随着空间粒度的增加所呈现的分布状态无规

律性。随着空间粒度值的增大，指数值几乎无变化，称为无响应型，即直线型（冯湘兰，2010）。研究中为了表达的需要，在不同空间粒度下，地表水体、土壤和地形地貌 3 个要素指数值的变化曲线称为“粒度效应曲线”，指数值与空间粒度变化间的函数关系称为“尺度效应关系”。

3. 关联分析

1）指数间相关性分析

空间分布长度指数（MSHDLI）是在空间分布面积指数的基础上做了部分改进而得到的公式，对其与其它两个指数（RD和MSHDAI）间的相关性进行探索是有必要的。运用景观生态学中的空间粒度方法，度量它们之间相关性的公式如下：

$$r(A,B)=\pm\max\left\{\left|r_l(A,B)\right|,\left|r_{nl}(A,B)\right|\right\} \tag{3.2}$$

$$r_{nl}(A,B)=\pm\max\left\{\left|r_l(\ln A,B)\right|,\left|r_l(A,\ln B)\right|,\left|r_l(\ln A,\ln B)\right|\right\} \tag{3.3}$$

式中，相关系数 r 取两个指数的线性与非线性相关系数绝对值的最大值，其具有与原始值相同的止负号。其中，线性相关系数，即 Pearson 积矩相关系数，非相关系数参考式（3.3）。

2）指数间相关关系的粒度效应

依据不同指数间的相关性和相关关系的粒度效应，不同景观要素（地表水体和土壤等）的分析结果有两种，即稳定型和不稳定型。其中，不同指数间的相关关系随着空间粒度值的变化没有发生质的变化，即粒度效应不明显的称为稳定型，在稳定型中又有显着正相关关系不变、显着负相关关系不变和不存在显着相关关系不变 3 个小类。随着空间粒度的增大或减小，不同指数间的相关性发生了质的变化，如由不相关转变为显着相关或由显着相关转变为不相关，即粒度效应较为明显，称为不稳定型（冯湘兰，2010）。

3.3　不同空间粒度下地表水体多样性指数特征

3.3.1　研究区各指数值的粒度响应

在 1 km×1 km 网格尺度下，对不同空间粒度下的指数值进行计算，如图 3.7 所示。3 个指数值的变化趋势均为下降型，其中，空间分布面积指数的递减速率明显小于其它两个指数。

对比 3 个研究区的单一指数值，主要特征如下。

（1）研究区空间分布面积指数值：随着空间粒度值的不断增大，其粒度响应曲线的变化趋势相对较为平稳。当空间粒度值为 200m 时，粒度响应出现了极其缓慢的下降，可归因于在特定的网格尺度下，随着空间粒度值的增加，相同空间位置下的地表水体面积值将有所减小。就该指数值而言，豫南样区最大，其次分别是豫中样区和豫北样区。就平均变化速度而言，豫北样区、豫中样区和豫南样区的值分别为–0.0005dam^{-1}、–0.0012dam^{-1}和–0. 0004dam^{-1}。

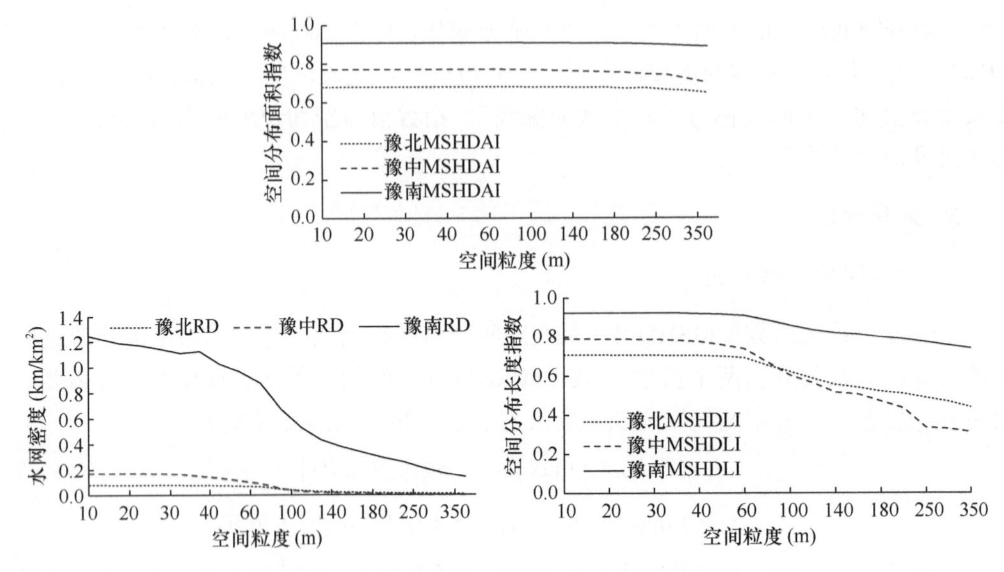

图 3.7 各指数在三个研究区的粒度效应曲线

（2）研究区水网密度指数值：随着空间粒度值的不断增大，豫南样区的指数值最大，其次分别是豫中样区和豫北样区，该情况与图 3.1 保持一致，即豫南样区的水体面积和水网密度在 3 个研究区中均达到最大，而豫北样区最小。对粒度效应曲线进行分析发现，空间粒度值为 120m 时发生了较大的变化，其中粒度值在 10～120 m 变化趋势明显，210m 之后下降趋于平缓。由此可得到，地表水网模型长度被融合的速率会随着空间粒度值的不断增加而有所下降。

（3）研究区空间分布长度指数值：三个研究区中，该指数值的粒度响应曲线随着空间粒度值的逐渐增大，总体上均呈下降型。由此可说明，不同空间粒度值下的地表水网模型中长度的减小幅度较为一致；对于平均下降速度，豫南样区（-0.0050dam^{-1}）＞豫北样区（-0.0068dam^{-1}）＞豫中样区（-0.0134dam^{-1}），这在一定程度上表明平均变化速率与水网模型长度具有相关性。

如图 3.7 所示，对豫北样区的空间分布长度指数、水网密度和空间分布面积指数的粒度效应曲线进行纵向对比，即在同一坐标下进行研究，豫中样区和豫南样区也是如此。将空间分布面积指数与其它两个指数进行对比可知，空间分布面积指数与其它两个指数的粒度效应曲线在 3 个不同的研究区中均具有一定程度的下降趋势，且保持同步。空间分布长度指数和水网密度尤为显着，表明这两个指数间的相关性较强。从纵向角度来分析每一个研究样区的 3 个指数值，随着空间粒度值的不断增大主要呈现出两种不同的变化趋势。

（1）变化趋势一：随着空间粒度值的增大指数值呈有规律的下降趋势且转折点明显。空间分布长度指数和水网密度指数属于这种变化趋势，即呈现下降趋势，表明当空间粒度值增大到一定程度时较小的斑块逐渐被大的图斑融合。空间粒度转折点分别是 60m 和 80m，这是由于这两个指数值的计算均与地表水网模型的长度有关，转折点的存在表明该点地表水网模型的特征将会发生较大程度的变化。除此之外，运用不同的方法得出的不同研究区的指数转折点存在差异，转折点可能为一个数值，也可能为一个小的数值区间。

（2）变化趋势二：随着空间粒度值的增大，指数值下降缓慢且尺度转折点不明显。空间分布面积指数属于该趋势，其值的大小除与选定的网格尺度大小有关外，还与每一个网格内所分布的地表水体面积和网格数目有关。例如，在单一指数值分析中，MSHDAI 在空间粒度为 200m 时有不明显的转折点存在。

3.3.2　不同指数间的关联性分析

为了对空间分布长度指数在表征地表水网模型的丰富程度和空间分布离散性方面具有的适用性和科学性进行进一步分析，运用 IBM SPSS 19.0 中的 Pearson 积矩相关系数计算出空间分布长度指数与其它两个指数的线性相关系数，并将其带入式（2.7）和式（2.8）（第 2 章 2.3.6 节资源分布的关联性），得到 19 个空间粒度值下的 3 个指数在总体上的相关系数，结果见表 3.2。由表 3.2 可知，3 个不同的研究区中，空间分布长度指数与水网密度的相关性是最高的，平均相关系数 $\bar{r}=0.997$，$P<0.01$，空间分布长度指数与空间分布面积指数间的平均相关系数 $\bar{r}=0.878$，$P<0.01$。同时，由图 3.7 中的粒度效应曲线可知，不同指数之间相关性越强，指数值的变化趋势越相似，且空间分布长度指数和水网密度间的相似性最大。因此，在描述一定区域内的河流丰富度方面，空间分布长度指数和水网密度在一定程度上能够相互替代。

表 3.2　MSHDLI 与 RD、MSHDAI 的关联分析

研究区	*A*	*B*	关联系数				
			r_l（*A*，*B*）	r_l（ln*A*，*B*）	r_l（*A*，ln*B*）	r_l（ln*A*，ln*B*）	*r*（*A*，*B*）
豫北样区	MSHDLI	RD	0.967**	0.952**	0.999**	0.977**	0.999**
	MSHDLI	MSHDAI	0.841**	0.868**	0.838**	0.865**	0.868**
豫中样区	MSHDLI	RD	0.910**	0.861**	0.994**	0.990**	0.994**
	MSHDLI	MSHDAI	0.861**	0.904**	0.854**	0.898**	0.904**
豫南样区	MSHDLI	RD	0.969**	0.963**	0.998**	0.998**	0.998**
	MSHDLI	MSHDAI	0.85**	0.863**	0.849**	0.862**	0.863**

**$P<0.01$。

图 3.8 给出了空间分布长度指数与水网密度、空间分布面积指数之间相关关系随空间粒度值的不断增大而呈现出的粒度效应曲线。由图 3.8 可知：①空间分布长度指数与水网密度、空间分布面积指数在 19 个空间粒度值下存在显着的正相关关系，属于稳定型。同时，空间分布长度指数与水网密度相关系数的关联曲线近似呈直线分布，说明其具有非常稳定的相关关系，即二者的相关性较好，且不存在区域的差异性。②空间分布长度指数与空间分布面积指数的粒度响应曲线虽稍有波动，但其并未发生相关性的质的变化，表现出一定程度的稳定性。

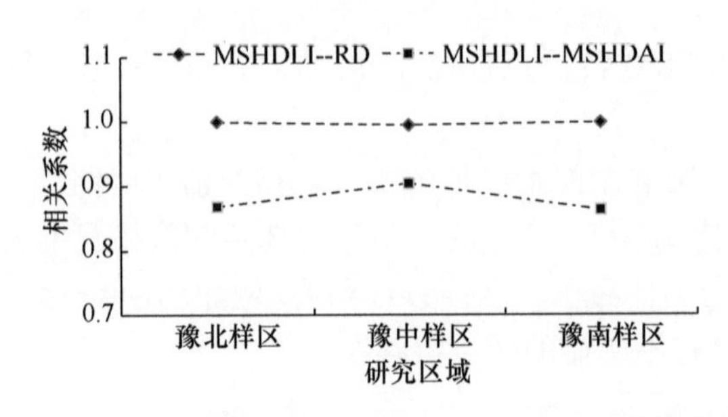

图 3.8 地表水体指数间相关系数在不同粒度下的关联曲线

3.3.3 指数间的尺度效应关系和回归模型分析

研究区内不同的景观特征对不同指数之间的尺度效应关系存在着影响，且尺度推译关系均不是单一性的（申卫军等，2003）。就豫北、豫中和豫南样区而言，3 个指数之间的尺度效应关系如图 3.9 所示，主要有自然对数函数和多项式函数两种。其中，空间分布长度指数与水网密度的拟合度函数均是自然对数函数，空间分布长度指数与空间分布面积指数的拟合度函数均是多项式函数时，指数间具有最高的拟合度，平均决定系数 R^2 分别为 0.9942 和 0.9001。以豫中样区为例，空间分布长度指数与水网密度拟合度最好的函数是自然对数函数［图 3.9（b）］，空间分布长度指数与空间分布面积指数拟合度最好的函数是多项式函数［图 3.9（b）］，豫中样区的两个回归方程说明空间分布长度指数与空间分布面积指数、水网密度之间存在一定的正相关函数关系，该关系同样存在于豫北样区和豫南样区中。同时，考虑到空间分布长度指数与水网密度、空间分布面积指数的相关关系属于稳定型，因此，空间分布长度指数在一定程度上也能够代替空间分布面积指数。

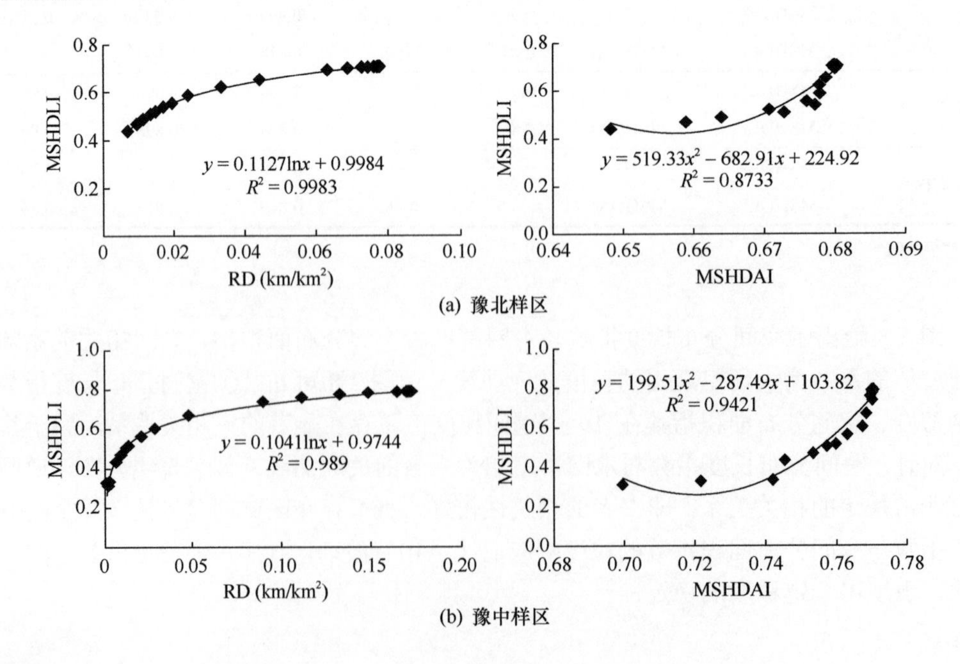

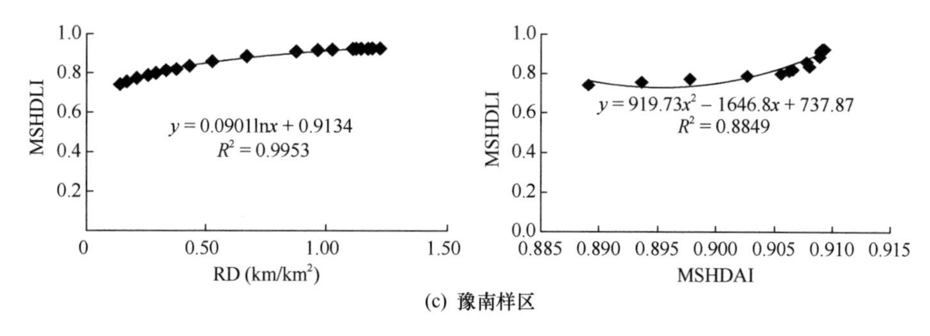

(c) 豫南样区

图 3.9　MSHDLI 分别与 RD、MSHDAI 的拟合函数分析

通过对上述 3 个指数进行关联性分析、相关关系的粒度效应分析和拟合函数分析可知，空间分布长度指数能够在一定程度上同时代表空间分布面积指数和水网密度。为了进一步探索不同研究区内 3 个指数间的关系，在 IBM SPSS19.0 中将空间分布长度指数作为因变量，水网密度和空间分布面积指数作为自变量，利用回归分析中的直接进入法对多元线性回归进行分析，结果见表 3.3。由表 3.3 可知，空间分布长度指数与其它两个指数间呈线性关系。三个不同的研究区中，其决定系数 R^2 均高于 0.95，结果表明，该模型中利用空间分布长度指数可对其它两个因变量进行解释，且解释的符合程度均高于 95%。当 sig.为 0.000 时，表明该模型显着回归。回归方程属于统计学的范畴，由非标准化系数 B 可以得出 3 个指数之间的回归方程，分别如下：豫北样区 $y=-1.864+3.509x_1+2.477x_2$，豫中样区 $y=-2.767+4.308x_1+1.499x_2$，豫南样区 $y=-2.391+3.496x_1+0.122x_2$（其中，$y$ 为因变量 MSHDLI，x_1、x_2 分别为自变量 MSHDAI 和 RD）。

表 3.3　指数或参数多元线性回归分析结果

模型指标		豫北样区	豫中样区	豫南样区
R^2		0.984	0.955	0.982
sig.		0.000	0.000	0.000
B	常量	−1.864	−2.767	−2.391
	MSHDAI	3.509	4.308	3.496
	RD	2.477	1.499	0.122

注：R^2 为决定系数，表示模型对因变量的解释程度；sig.表示模型得出的方程是否有统计学意义；B 为分析得出的非标准化系数，包含的 3 个指标分别是回归方程的常量和自变量的系数值。

综上所述，不同空间粒度下地表水体多样性特征如下。

（1）随着空间粒度的增加，在 1km×1km 网格尺度下，空间分布长度指数、水网密度和空间分布面积指数的粒度响应曲线均为下降型。

（2）空间分布长度指数与水网密度、空间分布面积指数相关性显着，其平均相关系数分别为 0.997 和 0.878，$P<0.01$。其相关性越强，指数值变化曲线的相似性越高，其中空间分布长度指数的粒度效应曲线与水网密度的相似性最高。因此，当对某一区域内的地表水体丰富度进行描述时，空间分布长度指数与水网密度在一定程度上能够相互替代。

（3）空间分布长度指数与水网密度、空间分布面积指数相关系数的粒度效应呈现出显着正相关关系，均属于稳定型。空间分布长度指数与水网密度相关系数的关联曲线呈直线分布，由此说明两个指数间具有较好的相关性，且不存在区域差异性。空间分布长度指数与面积指数的粒度效应曲线虽稍有波动，但并未发生相关性的质的变化，表现出一定的稳定性。

（4）空间分布长度指数与水网密度、空间分布面积指数间主要有两种不同的尺度效应函数关系，即自然对数函数和多项式函数，即三个研究区中空间分布长度指数与水网密度的拟合度函数均是自然对数函数，空间分布长度指数与空间分布面积指数的拟合度函数为多项式函数。两种函数关系下，指数和参数间具有最高的拟合度，其平均决定系数分别为 0.9942 和 0.9001。

（5）空间分布长度指数与其它两个指数（RD 和 MSHDAI）线性相关，且 3 个研究区的决定系数 $R^2>0.95$，即空间分布长度指数对空间分布面积指数、水网密度的解释程度均高于 95%。在描述地表水空间分布离散性方面，空间分布长度指数与空间分布面积指数可在一定程度上相互替代。综上所述，空间分布长度指数结合了水网密度描述水资源丰富度和空间分布面积指数描述水资源空间分布离散性的优势。

本章将地表水体多样性作为主要内容，以空间粒度为介质提出新的测度方法并证明其科学性，从而为后续章节研究内容方法论的提升提供支撑。众所周知，水土资源具有密切的联系，两者关联性的推断仍需进一步的数据支持，将在下文基于更多的第一手数据以单独的章节进行深入分析。

作为本书研究方法和理论的核心基础，改进的仙农熵公式测度方法［空间分布面积指数（MSHDAI）和空间分布长度指数（MSHDLI）］均在本章选取典型样区进行案例分析。基于上述多样性的测度方法及景观生态学中空间粒度方法，下文将在水土资源多样性分析的基础上，继续加入地形地貌要素的分布特征和关联性评价，并将其与经典的多样性测度方法进行比较，从而从新的角度丰富经典的土壤发生学理论的表达。

第 4 章　水土资源多样性的相关性

在特定的景观范围内，土壤性质在不同时间和不同地点表现出高度差异性和连续性（任圆圆和张学雷，2015a，2015b；赵明松等，2013；史舟和李艳，2006）。在土壤要素的形成过程中，水分循环起着非常重要的作用，它们之间的关系紧密（段金龙和张学雷，2012a，2012b）。水土资源在空间上的匹配程度对我国农业的发展和资源的利用有直接的影响（夏军等，2011；陆红飞等，2016；刘彦随等，2006；姜秋香等，2011），目前我国水土资源并不匹配，为缓解这一现状并加强对水土资源多样性的了解，有必要进行相关探索。

关于土壤和地表水体多样性间的关系，国外相关研究指出，在一定区域内，土壤的异质性和地貌单元的数量会随着流域等级的发展而增多（Ibáñez et al.，1990，1994；Arnett and Conacher，1973），但其研究方法局限在经典的仙农熵公式上。在国内，近年来部分学者运用引进的仙农熵公式对地表水体时空变化特征（齐少华等，2013；屈永慧等，2014a，2014b，2014c）及土壤和水体资源的相关性（段金龙和张学雷，2012a，2012b）进行了探索，主要从构成组分多样性和空间分布离散性方面进行探索，研究虽已取得了明显进展，但对水土资源多样性的粒度效应、形成机理的相关性及相关关系的稳定性鲜有探索。

在生态学中，同一景观在不同粒度下景观指数的值也会不同，因此一定分辨率的景观格局指数间的相关性分析是不稳定的（徐丽等，2010）。近年来，土壤多样性和水体多样性的研究主要以不同的网格大小作为尺度来表征空间分布离散性（段金龙和张学雷，2014），并未用空间粒度方法来衡量二者的相关性及稳定性。在以往的研究中，主要是考虑景观的粒度效应，较少有研究是针对遥感影像空间分辨率对景观格局的影响这一问题（朱明等，2008；徐丽等，2010）。本章以空间粒度为介质，在 1 km×1 km 网格尺度下计算 6 个典型县域 3 个研究时期土壤和水体多样性的 4 个指数值，运用空间粒度方法对不同的空间粒度进行重采样，并对其相关性和稳定性进行探索。本章案例主要尝试研究水土资源多样性在不同空间粒度下的相关性、格局特征及在更小范围研究区域的适用性，从而为后续更多地学要素的探索提供一种新的研究视角并打下基础。此外，针对研究过程中较大湖泊提取水体中心线不理想的情况，又从 6 个研究区中选择 4 个具有代表性的样区进行探索。

4.1　材料与方法

4.1.1　研究区概况

考虑到生物气候因素、社会经济发展程度及文化的差异性等，分别从河南省和江苏省选取 6 个不同的典型区域作为本章案例研究的样区，具体位置和每个研究区内的地表水体分布情况如图 4.1 所示。由图 4.1 可知，6 个研究区之间地表水体形态和密度差异较大，其样区面积、地形和土壤等详细信息见表 4.1。

4.1.2　数据来源及处理

案例研究中，土壤数据来自全国第二次土壤普查（河南省土肥站），地表水体数据来自对不同时期云量较小的遥感影像数据的解译，获取季节等具体信息见表 4.2。考虑到该案例主要探索 6 个研究区内不同空间粒度下不同时期的景观格局特征，故可以忽略遥感影像时相方面的差异。

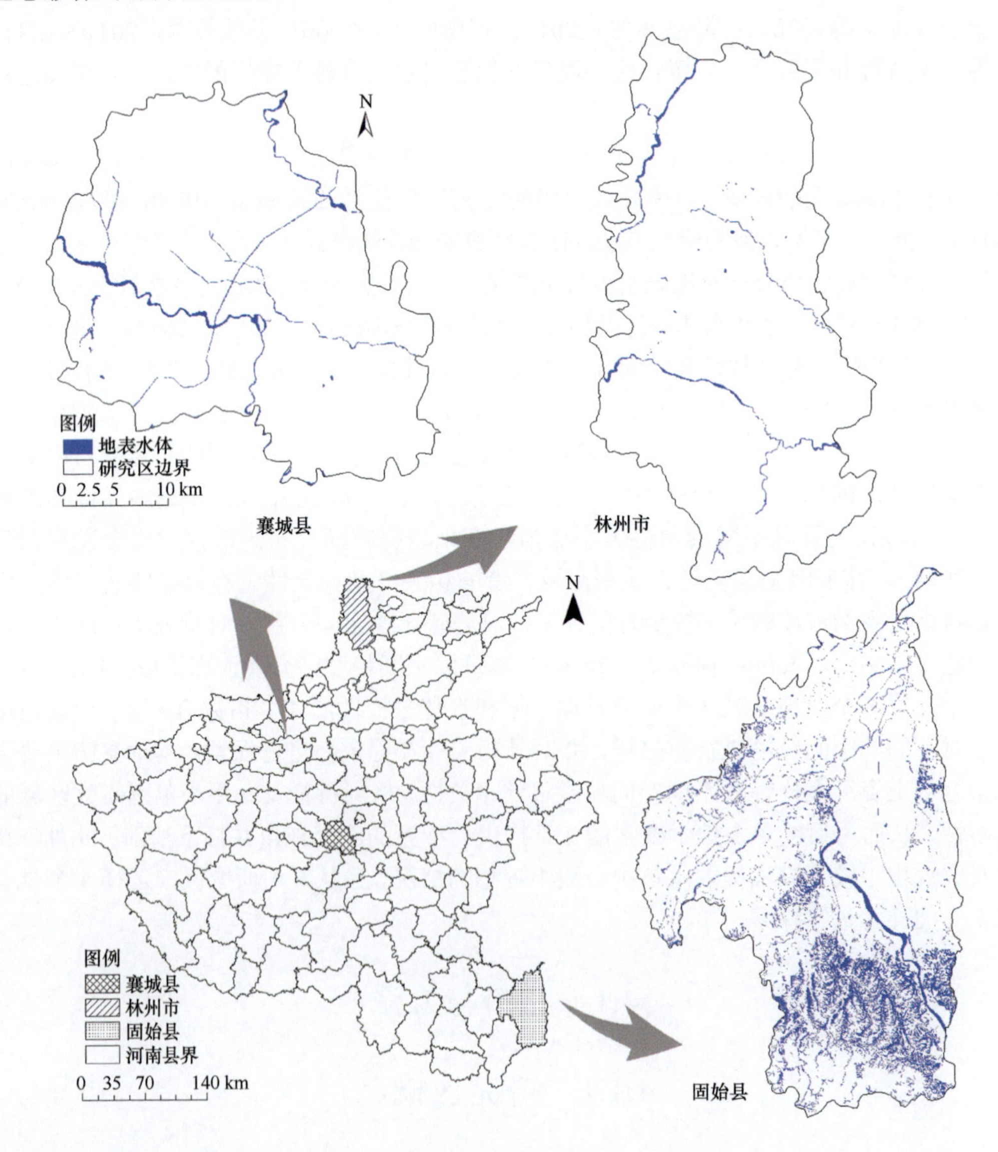

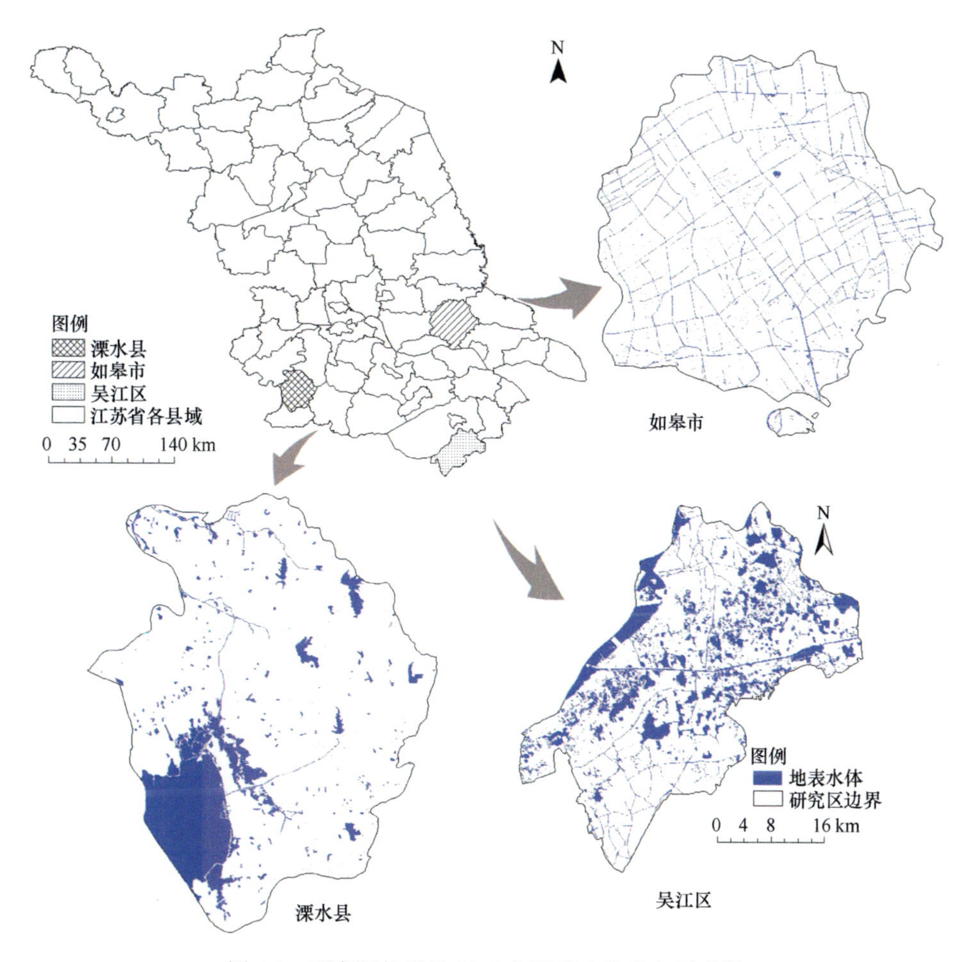

图 4.1 研究区位置及 2013 年地表水体分布示意图

表 4.1 研究区基本概况

研究区		县域面积（km^2）	气候	地形	水系	土壤
河南省	林州市	2035	暖温带大陆性季风气候	境内多山，山地、丘陵占总面积的 86%	浊漳河、洹河、淅河、淇河及红旗渠	褐土、棕壤和潮土
	襄城县	922	暖温带大陆性季风气候	平原占总面积的 75.5%，其余为山地和岗丘	北汝河、颍河	褐土、潮土和砂姜黑土
	固始县	2925	北亚热带向暖温带过渡的季风性气候	平原占总面积的 47.2%，丘陵占 43.6%，山地占 9.2%	淮河、史河、灌河、泉河、石槽河	水稻土、潮土和砂姜黑土

续表

研究区		县域面积（km^2）	气候	地形	水系	土壤
江苏省	溧水县	1038	亚热带季风性气候	丘、岗、土旁、冲犬牙交错，缓丘漫岗交错，低山丘陵占总面积的72.5%	一、二、三干河和天生桥河、新桥河、云鹤支河及东平湖、中山湖	酸性黄壤土、洪积土和冲积土
	如皋市	1493	亚热带季风性气候	北东向切割成带状，北西向切割成块，境内为平原	通扬运河、如海运河、如泰运河、焦港	雏形土（潮土）和水稻土
	吴江区	1215	北亚热带季风性湿润气候	全境无山，地势低平，南北高差2m	京杭大运河、太湖、汾湖、九里湖等	壤土质的黄泥田、黏土质的青紫泥和小粉土

表 4.2　遥感数据获取年份及数据来源

研究区		研究时期Ⅰ	水体面积（km^2）	研究时期Ⅱ	水体面积（km^2）	研究时期Ⅲ	水体面积（km^2）	数据来源
河南省	林州市	2001年4月24日	17.44	2007年5月19日	28.66	2013年5月19日	25.37	Landsat-7、Landsat-8
	襄城县	2001年5月10日	15.35	2007年5月19日	17.23	2013年6月4日	19.21	Landsat-7、Landsat-8
	固始县	2001年5月12日	444.5	2007年4月19日	192.0	2013年8月9日	358.7	Landsat-7、Landsat-8
江苏省	溧水县	2001年	133.2	2006年	133.9	2013年8月11日	160.0	Landsat-7、Landsat-8
	如皋市	2000年	73.25	2005年	40.30	2013年4月14日	70.64	Landsat-7、Landsat-8
	吴江区	2000年	399.5	2005年	335.2	2013年4月14日	283.5	Landsat-7、Landsat-8

运用软件ENVI 4.5和ArcGIS10.0进行数据处理，具体步骤为：①选取首位优势土属（dominant soil family，DSF）和首位稀有土属（rare soil family，RSF）。在1km×1km网格尺度下计算不同样区的土壤多样性，并依据一定的标准选取首位优势土属和首位稀有土属。②获取土地利用分类数据。通过ENVI4.5软件的监督分类功能完成。③提取不同空间粒度下的地表水体中心线。从土地利用分类结果中提取水体栅格数据，按照不同的空间粒度值进行重采样并将其二值化。④对首位优势土属和首位稀有土属进行不同粒度值的重采样。⑤在以上基础上，运用Pearson积矩相关系数法计算首位优势土属、首位稀有土属与地表水体多样性间的相关性及相关关系的稳定性。

4.1.3　研究方法

本章土壤和地表水体多样性特征及相关性分析的网格尺度为 1 km×1 km，运用到的研究方法如下。

（1）粒度推译法。其与 3.2.3 节的粒度推译法保持一致。该案例采样粒度共 17 个，分别为 5m、10m、15m、20m、25m、30m、35m、40m、50m、60m、80m、100m、120m、150 m、180 m、200 m 和 250 m。襄城县的砂砾淋溶褐土在粒度值为 300 m 时土壤多样性为 0，考虑到土壤和地表水体多样性的相关关系，重采样的粒度上限为 250m。

（2）空间分布面积指数。其与第 2 章 2.3.4 节地表水体多样性中的式（2.5）一致。

（3）空间分布长度指数。其与第 2 章 2.3.4 节地表水体多样性中的式（2.6）保持一致，具体的推算过程与方法见第 3 章 3.2.3 节空间分布长度指数的适用性这一部分。

（4）关联分析。其与第 3 章 3.2.3 节的关联分析方法保持一致。其主要探索不同研究区的土壤类型指数（DSF 和 RSF）与地表水体指数（MSHDAI 和 MSHDLI）间的相关性。

4.2　土壤与地表水体多样性的粒度效应与相关性

4.2.1　土壤多样性的特征

在 1km×1km 网格尺度下计算 6 个典型样区的土壤多样性值，并按照降序的顺序排列，结果见表 4.3 和表 4.4。在每个研究区内，将土壤空间分布多样性指数值和斑块面积同时为最大值的土属定义为首位优势土属，将多样性值低于 0.20 的定义为稀有土属，并将稀有土属中多样性值最大的定义为首位优势土属。这主要是考虑到相关性分析中需要对不同的斑块进行重采样，结果见表 4.5（其空间分布情况如图 4.2 所示）。林州市、固始县、襄城县和溧水县的稀有土属个数分别为 3 个、2 个、2 个、4 个，如皋市和吴江区均无稀有土属。在 6 个研究区中，固始县的土属个数最多，为 27 个，次高的是林州市，有 24 个，如皋市最少，为 7 个。

表 4.3　河南省三个典型样区土壤空间分布多样性指数

土壤类型	林州市		土壤类型	固始县		土壤类型	襄城县	
	斑块面积（km^2）	多样性值		斑块面积（km^2）	多样性值		斑块面积（km^2）	多样性值
钙质石质土	715.1	0.899	黄泥田	827.3	0.892	黄砂潮褐土	262.6	0.840
砂砾褐土性土	324.1	0.819	黏盘黄褐土	410.7	0.825	覆盖灰砂姜黑土	185.9	0.784
黄砂石灰性褐土	167.9	0.728	黄土田	440.2	0.818	两合土	147.8	0.764
黄砂褐土性土	192.7	0.713	黄白泥田	241.6	0.743	脱潮两合土	153.4	0.759
黄砂褐土	146.0	0.713	灰两合土	182.4	0.716	黄砂褐土	101.8	0.723
硅质石质土	133.7	0.692	黑泥田	159.2	0.668	硅质粗骨土	30.76	0.553
钙质粗骨土	44.98	0.551	灰砂土	123.7	0.659	红褐土	18.85	0.513
钙质褐土性土	47.84	0.538	麻砂质石质土	90.70	0.615	腰砂脱潮两合土	5.350	0.327
砂砾石灰性褐土	25.37	0.503	黑土田	107.3	0.614	硅质石质土	5.619	0.322

续表

土壤类型	林州市		土壤类型	固始县		土壤类型	襄城县	
	斑块面积（km^2）	多样性值		斑块面积（km^2）	多样性值		斑块面积（km^2）	多样性值
暗矿质粗骨土	26.22	0.485	黄青泥	42.23	0.559	砂砾淋溶褐土	0.141	0.144
黄砂潮褐土	17.25	0.468	中紫土	44.28	0.555	黄砂黄褐土	0.785	0.089
钙质淋溶褐土	14.79	0.442	黑白泥田	63.65	0.549			
黄砂灰砂姜黑土	21.78	0.432	砂泥质石质土	52.29	0.546			
钙质棕壤	16.79	0.416	灰淤土	24.87	0.476			
钙质棕壤性土	9.713	0.397	黄砂黄褐土	18.98	0.447			
硅质褐土性土	12.92	0.391	红黏土	17.09	0.435			
黄砂潮土	13.20	0.387	白浆黄褐土	15.48	0.433			
砂砾潮土	6.054	0.337	钙质粗骨土	20.00	0.428			
暗矿质褐土性土	6.528	0.304	麻砂质黄棕壤	14.62	0.425			
砂泥质褐土性土	2.581	0.212	潮土田	6.526	0.306			
红黏土	2.678	0.206	漂白砂姜黑土	3.159	0.275			
堆垫褐土性土	1.972	0.195	覆盖砂姜黑土	4.500	0.273			
砂砾淋溶褐土	0.008	0.051	青黑土	4.679	0.256			
砂砾褐土	0.026	0.000	黄褐土性土	4.023	0.248			
			砂泥质黄棕壤性土	3.516	0.238			
			砂姜黑土	1.786	0.187			
			硅质石质土	0.920	0.140			

表 4.4　江苏省三个典型样区土壤空间分布多样性指数

土壤类型	溧水县		土壤类型	吴江区		土壤类型	如皋市	
	斑块面积（km^2）	多样性值		斑块面积（km^2）	多样性值		斑块面积（km^2）	多样性值
板浆白土	286.90	0.86	乌栅土	660.00	0.94	高沙土	831.60	0.92
黄刚土属	138.90	0.81	白土	126.40	0.76	夹沙土	429.60	0.85
马肝土属	199.00	0.81	棕色石灰土	93.83	0.68	灰泥土	144.70	0.70
栗色土属	125.70	0.74	粉沙土	59.26	0.66	潮沙土	107.70	0.66
岗黄土属	46.24	0.66	潮泥土	65.32	0.65	泡沙土	4.09	0.30
河淤土属	55.11	0.65	沼泽土	87.66	0.65	菜园土	3.15	0.24
青泥条土	38.65	0.59	粗骨土	42.77	0.61	淤泥土	0.96	0.21
黄砂土属	27.56	0.57	棕黄土	26.89	0.53			
青泥白土	14.82	0.49	乌散土	23.18	0.51			
青泥土属	7.49	0.37	潮沙土	10.21	0.49			
紫红土	5.16	0.35	草渣土	15.53	0.47			
山红土属	1.92	0.23	乌泥土	10.35	0.44			
卵石砂土	1.52	0.18	白蚬土	8.10	0.38			
山沙土属	1.04	0.16	粉砂白土	6.10	0.36			
黄红土属	1.31	0.15	黄刚土	2.13	0.29			
暗色土属	0.67	0.08	湖成白土	3.17	0.28			

表 4.5　研究区优势土属和稀有土属

研究区		土属个数	首位优势土属			首位稀有土属		
			名称	面积（km^2）	多样性值	名称	面积（km^2）	多样性值
河南省	林州市	24	钙质石质土	715.1	0.899	堆垫褐土性土	1.972	0.195
	襄城县	11	黄砂潮褐土	262.6	0.840	砂砾淋溶褐土	0.141	0.144
	固始县	27	黄泥田	827.3	0.892	砂姜黑土	1.786	0.187
江苏省	溧水县	16	板浆白土	286.9	0.856	卵石砂土	1.52	0.181
	如皋市	7	高沙土	816.30	0.92	无	无	无
	吴江区	16	乌栅土	660.00	0.938	无	无	无

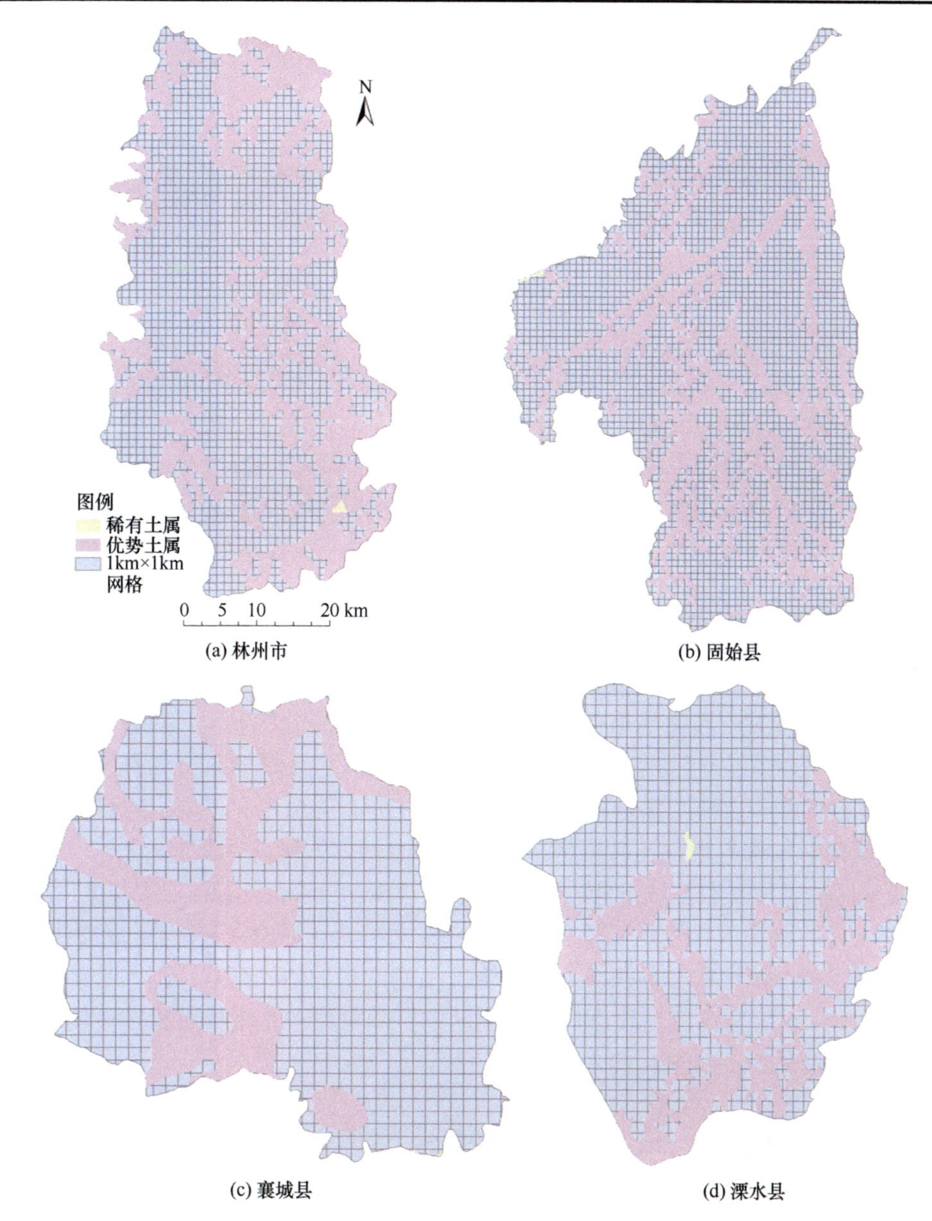

(a) 林州市　(b) 固始县

(c) 襄城县　(d) 溧水县

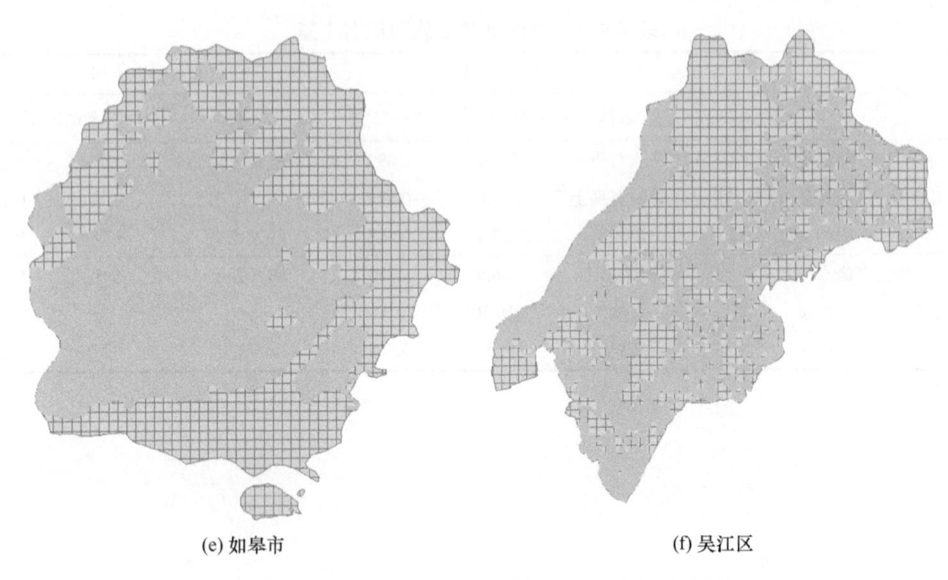

(e) 如皋市　　(f) 吴江区

图 4.2　研究区优势土属和稀有土属的空间分布图

4.2.2　优势土属和稀有土属的粒度效应

图 4.3 是首位优势土属和首位稀有土属在不同空间粒度值下的粒度效应曲线。由图 4.3 可知：①随着空间粒度的增加，林州市、溧水县的首位优势土属和首位稀有土属以及如皋市、吴江区的首位优势土属的指数值呈直线分布，即它们的粒度效应曲线属于无响应型。②随着空间粒度的增加，襄城县首位优势土属的粒度效应曲线属于无响应型，而首位稀有土属的粒度效应曲线在空间粒度为 60 m 之后开始出现小幅度波动，并在 200～250 m 出现下降趋势，60～250 m 的平均变化速度为–0.0018 dam^{-1}。③随着空间粒度的增加，固始县首位优势土属的粒度效应曲线变化较为稳定，而首位稀有土属的粒度效应曲线在粒度值为 200 m 时出现小幅度上升趋势，平均变化速度为 0.0016 dam^{-1}。其中，特征②和③中首位稀有土属曲线出现小幅度变化的情况，经分析发现，襄城县和固始县的首位稀有土属斑块均位于研究区的边缘位置，而其它 4 个区域的首位稀有土属并不存在这种情况。据推测，这种变化与稀有土属在研究区分布的位置和不同空间粒度下土属斑块的形状变化有关系。为验证该推测，对襄城县的稀有土属进行深入分析，如图 4.4 所示，该研究区的首位稀有土属分布在其东南角最边缘，随着空间粒度值从 30m 增加到 250m，稀有土属的斑块形状发生了较大变化且部分面积超出研究区边界，而在数据的处理过程中保留了两个图层的公共部分，这种情况引起了指数值的变化，固始县的首位稀有土属也是如此。这表明稀有土属斑块在研究区的空间位置和重采样过程中斑块形状的变化是影响其粒度效应曲线变化的主要因素。

4.2.3　地表水体多样性的粒度响应

地表水体多样性各指数值的粒度响应和指数间的尺度效应关系在第 3 章 3.3.1 节和

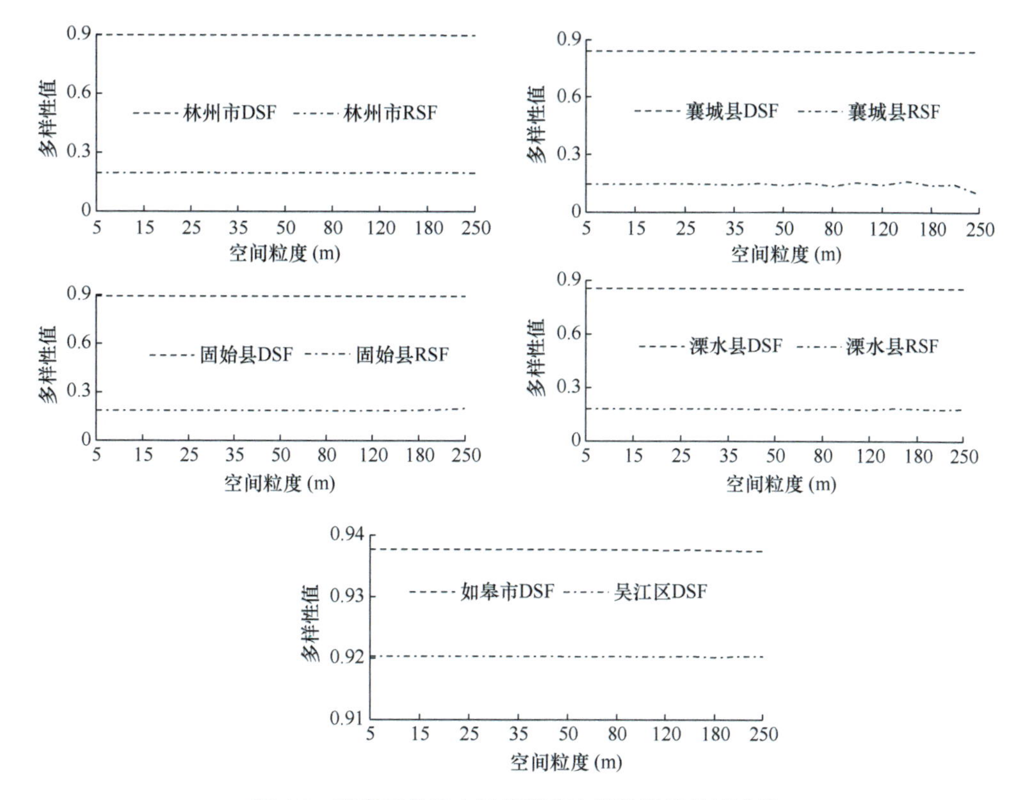

图 4.3　研究区优势土属和稀有土属的粒度效应曲线

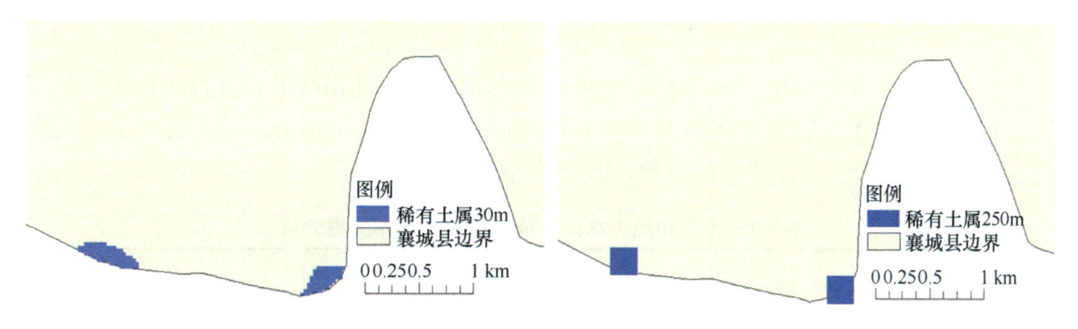

图 4.4　空间粒度为 30 m 和 250 m 时襄城县稀有土属的图斑变化

3.3.3 节已经进行相关探索，此处不再赘述。但为了对不同生态环境条件下不同形态的地表水体与不同类型的土壤多样性的相关性进行探索，即为了后期数据分析的需要，计算不同空间粒度下 6 个研究样区的两个地表水体多样性指数值（研究时期 I 的计算结果见表 4.6，II 和 III 不再一并列出）。由计算结果可知，空间分布面积指数和空间分布长度指数在 17 个粒度下的响应类型分别是稳定型和下降型，与第 3 章的相关研究结论相同，且 3 个研究时期空间分布长度指数与空间分布面积指数在研究区的尺度效应关系均为多项式函数时其拟合度最高。

表 4.6 不同空间粒度下的指数值（研究时期 I）

空间粒度（m）	MSHDAI						MSHDLI					
	林州市	襄城县	固始县	溧水县	如皋市	吴江区	林州市	襄城县	固始县	溧水县	如皋市	吴江区
5	0.622	0.75	0.951	0.789	0.941	0.938	0.663	0.772	0.96	0.825	0.945	0.94
10	0.622	0.75	0.951	0.789	0.941	0.938	0.664	0.771	0.96	0.815	0.942	0.942
15	0.622	0.75	0.951	0.789	0.941	0.938	0.663	0.771	0.959	0.785	0.931	0.941
20	0.622	0.75	0.951	0.788	0.941	0.938	0.663	0.771	0.958	0.779	0.929	0.943
25	0.622	0.75	0.951	0.789	0.941	0.938	0.662	0.77	0.958	0.774	0.924	0.941
30	0.622	0.75	0.951	0.789	0.941	0.938	0.662	0.77	0.956	0.759	0.919	0.939
35	0.622	0.75	0.951	0.788	0.94	0.938	0.661	0.766	0.954	0.758	0.911	0.936
40	0.621	0.749	0.951	0.788	0.94	0.938	0.659	0.76	0.952	0.746	0.903	0.931
50	0.621	0.749	0.951	0.788	0.94	0.938	0.652	0.74	0.946	0.738	0.887	0.927
60	0.621	0.748	0.951	0.788	0.939	0.938	0.64	0.719	0.939	0.714	0.871	0.926
80	0.623	0.748	0.95	0.788	0.937	0.938	0.594	0.651	0.909	0.695	0.783	0.909
100	0.618	0.745	0.949	0.787	0.933	0.938	0.535	0.617	0.882	0.658	0.705	0.898
120	0.617	0.744	0.949	0.787	0.932	0.938	0.504	0.595	0.856	0.665	0.644	0.886
150	0.615	0.74	0.947	0.785	0.926	0.937	0.427	0.531	0.826	0.635	0.574	0.876
180	0.613	0.728	0.945	0.779	0.911	0.937	0.406	0.437	0.795	0.607	0.499	0.868
200	0.616	0.734	0.944	0.781	0.911	0.937	0.429	0.4	0.782	0.585	0.431	0.86
250	0.588	0.714	0.938	0.776	0.89	0.936	0.417	0.332	0.752	0.55	0.35	0.847

4.2.4 土壤、地表水体多样性的相关性

表 4.7 是 3 个研究时期不同样区土壤和地表水体多样性指数的相关性，由表 4.7 可知，4 个指数在 3 个研究时期的相关性主要有两个大类和 4 个小类。相关性类型的确定与 3.2.3 节的关联分析部分保持一致，具体类型如下。

表 4.7 土壤和地表水体多样性指数间的相关性分析

研究区	指数	r（A，B）2001 年	2007 年	2013 年
林州市	*A*=DSF *B*=MSHDAI	0.675**	—	—
	A=DSF *B*=MSHDLI	0.580**	0.709**	0.765**
	A=RSF *B*=MSHDAI	—	—	—
	A=RSF *B*=MSHDLI	—	—	—
襄城县	*A*=DSF *B*=MSHDAI	−0.793**	−0.921**	−0.672**
	A=DSF *B*=MSHDLI	−0.631**	−0.613**	−0.563*
	A=RSF *B*=MSHDAI	0.702**	0.833**	0.549*
	A=RSF *B*=MSHDLI	—	—	—
固始县	*A*=DSF *B*=MSHDAI	0.584*	—	0.661**
	A=DSF *B*=MSHDLI	—	—	—
	A=RSF *B*=MSHDAI	−0.867**	−0.819**	−0.811**
	A=RSF *B*=MSHDLI	−0.663**	−0.693**	−0.614**

续表

研究区	指数	r（A，B）		
		2001 年	2007 年	2013 年
溧水县	A=DSF　B=MSHDAI	–0.561*	—	—
	A=DSF　B=MSHDLI	—	—	–0.943*
	A=RSF　B=MSHDAI	—	—	—
	A=RSF　B=MSHDLI	—	—	—
如皋市	A=DSF　B=MSHDAI	—	—	—
	A=DSF　B=MSHDLI	—	—	—
吴江区	A=DSF　B=MSHDAI	0.853**	0.854**	0.902**
	A=DSF　B=MSHDLI	0.934**	0.923**	0.927**

**$P<0.01$，*$P<0.05$。

第一大类：稳定型。①显着正相关不变：襄城县首位稀有土属与空间分布面积指数；吴江区首位优势土属与空间分布面积指数、首位优势土属与空间分布长度指数；林州市首位优势土属与空间分布长度指数。②显着负相关不变：襄城县首位优势土属与空间分布面积指数和首位优势土属与空间分布长度指数；固始县首位稀有土属与空间分布面积指数和首位稀有土属与空间分布长度指数。③不存在显着相关不变：林州市首位稀有土属与空间分布面积指数和首位稀有土属与空间分布长度指数；襄城县首位稀有土属和空间分布长度指数；固始县首位优势土属与空间分布长度指数；溧水县首位稀有土属与空间分布面积指数和首位稀有土属与空间分布长度指数；如皋市指数首位优势土属与空间分布面积指数和指数首位优势土属与空间分布长度指数。对相关性稳定的县域进行分析可知，在 3 个不同的研究时期内，襄城县和吴江区的相关关系最为稳定，两个区域的平原面积占总面积的比例均高于 75%。固始县、林州市和溧水县的山地丘陵面积比例均高于 50%，如皋市以平原为主，但其水网密度高达 4 km/km^2 以上，北东向切割呈带状，北西向切割成块，指数间并不存在相关性。

第二大类：不稳定型。随着空间粒度的增加，从不相关变成显着相关的是溧水县首位优势土属与空间分布长度指数；从显着相关变成不相关的是林州市首位优势土属与空间分布面积指数和溧水县首位优势土属与空间分布面积指数；从显着相关变成不相关又到显着相关的是固始县首位优势土属与空间分布面积指数。该部分数据表明，指数间相关性不稳定的县域，其地形类型以山地和丘陵居多。此外，过大的人类活动干扰强度也可能会导致或者加剧二者间的不稳定性。

综上所述，土壤和地表水体多样性相关性不稳定的县域有林州市、固始县和溧水县，尤其是溧水县。溧水县情况特殊，其首位优势土属与空间分布长度指数、空间分布面积指数相关关系不稳定，且首位稀有土属与空间分布长度指数、空间分布面积指数在 3 个研究时期均不相关。对于相关关系不稳定的研究区，从水土资源在发生学上的关系来看，可能是受到新形成土壤的影响，从地表水体对土壤利用的影响来说，某些地表水体景观，如水渠会在空间上形成一种分割作用。除此之外，如图 4.1 所示，与其它 5 个研究区相比，溧水县的特殊之处在于其西南部有一个面积较大的石臼湖，通过图 4.5 可知，空间空间粒度为 30m 时该湖泊几乎无法提取到水体中心线，空间粒度为 100 m 和 250 m 时提取的水体中心线更趋杂乱，在其它 5 个研究区并不存在这种情况。究其原因是溧水县该湖泊的水体面积或宽度超过了一定的限度，从而影响到水体空间分布多样性的表达。

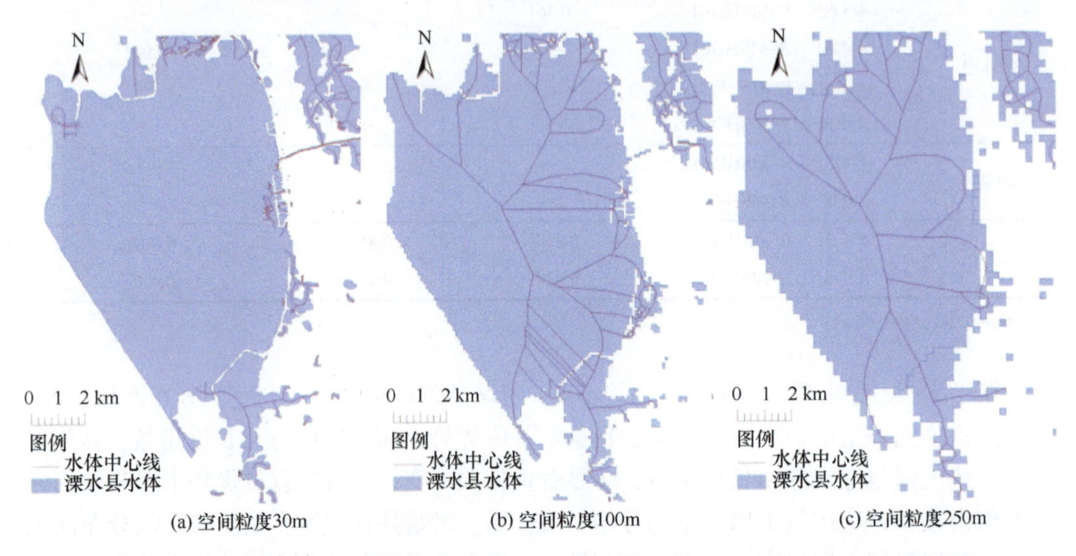

图 4.5　溧水县石臼湖 2013 年空间粒度为 30m、100m 和 250m 时提取的水体中心线

4.2.5　土壤、地表水体多样性指数间相关关系的粒度效应

目前，在描述景观格局时存在的问题一是相关指数较多，二是指数间在表达信息时存在重复的情况，这在一定程度上不能独立地表达景观格局的独立性质。鉴于此，有必要对不同指数间的相关关系进行进一步探讨（任圆圆和张学雷，2015a，2015b；冯湘兰，2010），可以引入生态学中的空间粒度方法，对土壤和地表水体资源多样性的相关性及相关关系的稳定性进行探索。

相关性分析表明，襄城县和吴江区的相关性最稳定，对其相关关系的粒度效应曲线进行分析，结果如图 4.6 所示。由图 4.6 可知，随着空间粒度值的增加，襄城县的首位稀有土属与空间分布面积指数间存在显着的正相关关系，首位优势土属与空间分布长度指数及首位优势土属与空间分布长度指数存在显着的负相关关系，且首位优势土属与空

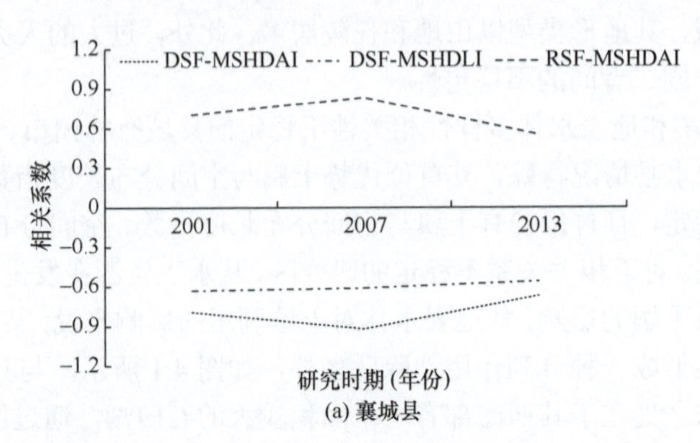

(a) 襄城县

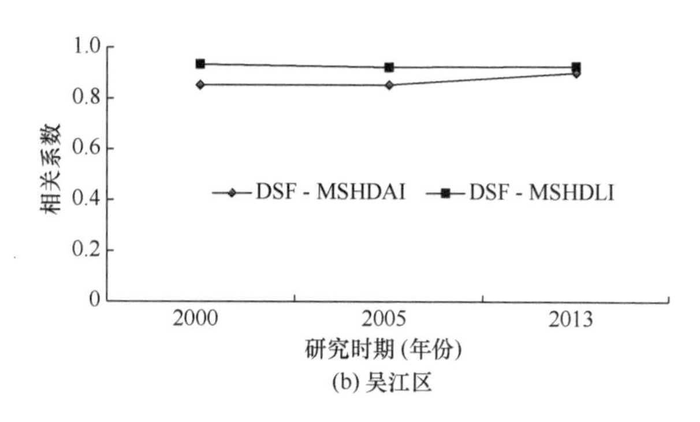

(b) 吴江区

图 4.6　地表水体指数间相关系数在不同粒度下的关联曲线

间分布长度指数间的相关系数的关联曲线呈直线分布，表明其相关性非常稳定，其它两对指数的相关系数的关联曲线虽有一定程度的波动，但其相关性并未发生质的变化，也具有一定程度的稳定性。吴江区首位优势土属与空间分布面积指数、首位优势土属与空间分布长度指数的相关系数在研究范围内均存在较为显着的正相关关系，且相关性稳定。

4.3　地表水体多样性的延伸探索

由本章 4.2.4 节土壤、地表水体多样性的相关性可知，溧水县西南部的石臼湖面积过大，水体中心线提取效果不佳，且随着粒度值的增加水体中心线更趋杂乱，这在一定程度上影响了该研究区土壤和地表水体中心线的相关性。为了对 MSHDAI 指数和 MSHDLI 指数的适用性进行更深入的探索，在上述 6 个研究区的基础之上，选取地理位置和自然环境有所差异且地表水体形态更具有代表性的 4 个研究区，分别是河南省的襄城县和固始县（水体形态以条带状为主），江苏省的溧水县和吴江区（同时兼有面状和条带状水体形态），具体位置和地表水体分布情况如图 4.1 所示。其中，襄城县南部属沙汝河水系，东部属颍河水系，北汝河、颍河两条主干河流自西部、西北部入境。固始县境内有史河、灌河、泉河、白露河、春河、石槽河、羊行河等。溧水县境内分布的河流主要属于石臼湖水系和秦淮河水系，且大小数百个湖泊点缀在城乡间。吴江区境内河道纵横，水域面积占全区总面积的三分之一，京杭大运河、太湖、汾湖和九里湖等自然景观各具特色。本节旨在研究不同形态（面状和线状）地表水体多样性的表征与描述，其研究时期均一致（2013 年）。

进一步研究发现，在 ArcScan（矢量化）中提取水体中心线时关于最大线宽（vectorization settings maximum line width）系统默认的取值范围是 1～100，即指定一个宽度，小于等于该宽度的栅格数据才可矢量化为线，而溧水县石臼湖的栅格宽度很明显超出了该范围的最大值。针对这种栅格数据超过系统设置最大值的水体斑块，考虑将这些栅格数据单独提取出来并用 MSHDAI 指数来表征空间分布离散性，将提取不到中心线，即宽度大于系统最大值 100 的水体中心线提取出来，用 MSHDAI 指数来表征水体分布离散性，其余的水体，即线状水体用 MSHDLI 指数计算。同时，为了便于各研究区间数据的对比，以空间粒度最小值时（5 m）提取的水体中心线为依据。由于河南省的襄城县和固始县在粒度值为 5 m 时提取的水体中心线能很好地表达该样区的水体信息，故运用 MSHDLI 指数来表征这两个研究样区的地表水体空间分布离散性；江苏省溧水县和吴江区如图 4.7 所示，运用 MSHDAI 指数表征面状水体形态，运用 MSHDLI 指数表征线状水体形态。

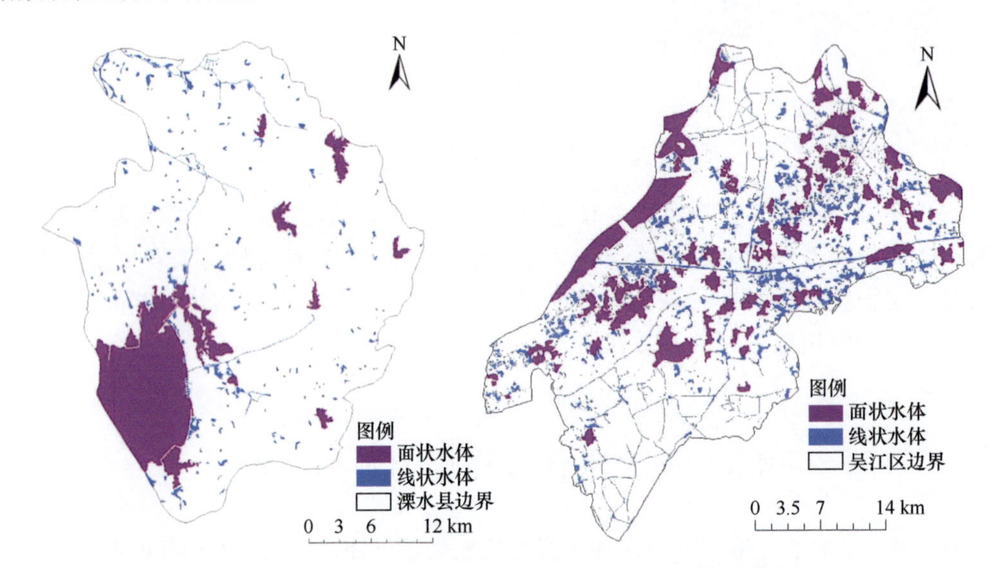

图 4.7 溧水县和吴江区空间粒度为 5m 时的面状水体和线状水体

在不同空间粒度下，计算河南省典型样区水体的多样性值，结果见表 4.8。

表 4.8 研究区不同空间粒度下的地表水体多样性

空间粒度（m）	襄城县多样性值	固始县多样性值	吴江区多样性值		溧水县多样性值	
	MSHDLI	MSHDLI	MSHDAI	MSHDLI	MSHDAI	MSHDLI
5	0.743	0.905	0.814	0.915	0.732	0.776
10	0.742	0.906	0.814	0.911	0.732	0.771
15	0.742	0.905	0.814	0.907	0.732	0.761
20	0.743	0.905	0.814	0.905	0.732	0.754
25	0.742	0.904	0.814	0.900	0.732	0.747
30	0.742	0.903	0.814	0.897	0.732	0.744
35	0.740	0.904	0.813	0.893	0.732	0.742
40	0.740	0.900	0.813	0.892	0.732	0.733
50	0.738	0.897	0.814	0.887	0.732	0.725
60	0.733	0.890	0.814	0.881	0.732	0.718
80	0.692	0.867	0.814	0.853	0.732	0.674
100	0.648	0.844	0.814	0.816	0.732	0.635
120	0.617	0.823	0.813	0.779	0.733	0.587
150	0.569	0.800	0.814	0.750	0.733	0.548
180	0.543	0.790	0.814	0.739	0.732	0.485
200	0.531	0.777	0.814	0.692	0.731	0.447
250	0.496	0.762	0.814	0.686	0.733	0.375

（1）就单个研究区而言，随着空间粒度值由 5 m 增加至 250 m，河南省的襄城县 MSHDLI 指数值由 0.743 下降到 0.496，平均变化速度为$-0.0067 dam^{-1}$，固始县 MSHDLI 指数值由 0.905 下降到 0.762，平均变化速度为$-0.0046 dam^{-1}$；江苏省的吴江区 MSHDAI 指数值基本维持在 0.814，MSHDLI 指数值由 0.915 下降到 0.686，其平均变化速度为$-0.0091 dam^{-1}$，溧水县 MSHDAI 指数值基本维持在 0.732，MSHDLI 指数值由 0.776 下降到 0.375，其平均变化速度为$-0.0146 dam^{-1}$。

（2）就研究区间的比较而言，从平均变化速度来看，河南省研究区地表水体多样性值排序为固始县>襄城县，江苏省的线状水体多样性值排序为吴江区>溧水县，又由固始县水体面积为 358.683 km^2、襄城县为 19.206 km^2、吴江区为 128.005 km^2、溧水县为 29.968 km^2 可知，在形态可比较的研究区内水体面积越大，水体多样性指数值的变化速度就越快。

综上所述，襄城县和固始县的 MSHDLI 值均处于下降趋势，吴江区和溧水县的 MSHDAI 指数值呈稳定趋势，MSHDLI 指数值均处于下降趋势。这与表 4.6 和图 3.7 中研究区 MSHDAI 指数粒度效应曲线为无响应型，MSHDLI 指数为下降型的结论是一致的。

为深入探索水土资源在空间分布上的内在关系，本章定量描述了河南省和江苏省的 6 个典型样区土壤类型中的首位优势土属和首位稀有土属与不同的地表水体表征指数间的交互关系。研究发现：

（1）随着空间粒度的增加，土壤多样性指数（首位优势土属和首位稀有土属）的粒度响应基本上属于无响应型，地表水体指数空间分布面积指数和空间分布长度指数均属于下降型。

（2）6 个研究样区在不同的研究时期内，襄城县和吴江区水土资源多样性的相关性较好，这与它们以平原为主有关，且两个样区有相关性的指数间的相关系数的粒度效应曲线并未发生本质性变化，即二者的相关性属稳定型且在研究区内没有区域差异。

（3）河南省的林州市、固始县及江苏省的溧水县山地、丘陵居多，土壤和地表水体多样性间的相关性不稳定，尤其是溧水县，其西南部石臼湖的分布在一定程度上加剧了相关关系的不稳定性，这可能与湖泊的面积大小及湖泊对景观格局的分割作用等有关。江苏省如皋市并未表现出相关性，究其原因是区域内水网密度过大。此外，人类活动强度的大小也会对 6 个研究样区土壤和地表水体多样性间的相关性产生影响。

在地表水体多样性的延伸探索中发现，计算某一研究区地表水体的空间分布面积指数和空间分布长度指数，对于探讨两个指数的适用性具有一定的意义。但若研究区内有较大面积的水库、湖泊等面状水体，可以优先使用 MSHDAI 指数计算其空间分布离散性，而一般情况下地表水体多以线状形态出现，可以用 MSHDLI 指数表征。

本章研究认为，研究区的地形、水体形态和密度在一定程度上对 3 个研究时期的水土资源多样性的内在联系和相关关系的稳定性产生影响。除去人为因素的影响，产生这一现象的原因在于本章所选样区在土壤类型、地形、地表水体形态、气候和区位因素等方面存在较大差异。其中，地形地貌是影响土壤形成和水体分布的主要因素之一，应当受到关注。在第 5 章和第 6 章中，将地形地貌加入土壤多样性研究中，并从不同视角研究其与土壤要素，乃至水体要素多样性的特征。与第 3 章相结合，本章内容是本书的核心部分和主要创新点之一。

第 5 章　以地形为基础的土壤多样性

第 4 章的案例表明，地形是影响水土资源分布与内在关系的主要要素之一，且从土壤多样性向地多样性发展符合土壤地理学的研究趋势。在第 3 章和第 4 章研究的基础之上，将地形地貌这一主要的地学要素加入多样性研究中，并将其与土壤要素的关系作为研究对象，分别从两个不同的视角研究大比例尺控制下的不同地形上的土壤多样性格局（第 5 章）和分类更为详细的地貌分类系统下的地貌类型与土壤多样性间的相关性（第 6 章）。该部分的研究主要为后续探索更多不同地学要素间多样性的格局和相关性打下基础。

关于地形要素和土壤要素间的关系，部分学者已做过相关研究（见 1.2.2 节从土壤多样性到地多样性的研究模式部分），其研究方法主要采用经典的仙农熵指数测度方法，即侧重研究区土壤类别数目多样性，未采用改进的仙农熵指数这一最新的测度方法对两个要素的空间分布离散性进行定量描述。本章案例首先对前人研究不同地形下土壤多样性的测度方法进行总结，以此为基础，运用改进的仙农熵指数（Yabuki et al.，2009），即空间分布面积指数，选取河南省作为研究区，在 1 km×1 km 网格尺度下探索平原、丘陵、山地和盆地上土壤的多样性指数 H'、均匀度指数 E、分支率（张学雷等，2008）、丰富度指数 S 和空间分布多样性 Y_h。同时，综合考虑不同地形上每种土类占本土类总面积的比例和其在空间分布上的离散性，从而确定 4 种地形下的优势土壤类型。通过以上探索来总结土壤多样性的经典算法，并尝试用新的指数和视角来探索其空间格局特征，以便后续推动更多地学要素多样性的相关研究。

5.1　材料与方法

5.1.1　数据来源与处理

河南省的土壤数据来自全国第二次土壤普查河南省数字化土壤图（河南省土肥站），在本章研究中使用土类级别，具体情况如图 5.1 所示。地形数据为从地理空间数据云下载的河南省 DEM 数据，Value 代表高程值。

为探索不同地形上的土壤多样性格局等，首先运用 ArcGIS10.0 软件，依据高程值对 DEM 数据进行处理得到地形分类，具体步骤如下：①在 ArcGIS10.0 软件中打开 DEM 数据（格式为.img），Value 代表高程值。②提取等高线和山体阴影。三维空间分析（3D analyst tools）→表面分析工具（raster surface）。③渲染。DEM 原始数据在上图层，山体阴影在下图层，且图层透明度设置为 50%，使不同地形间的差别变得更加明显。透

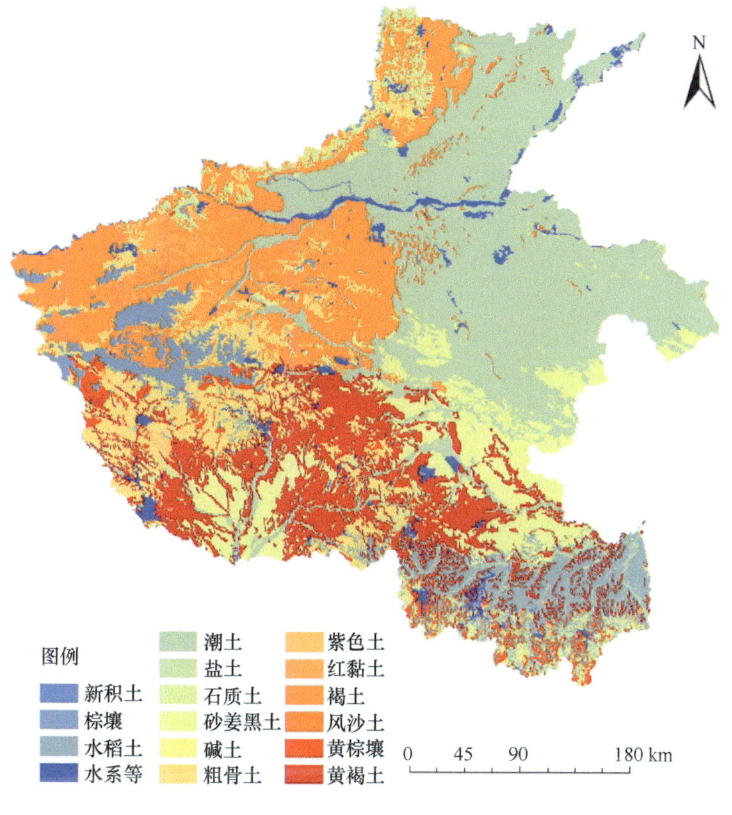

图 5.1　河南省土壤图（土类级别）

明度值可根据实际情况不断进行调整，直到渲染效果达到最佳（效果图如图 5.2 所示）。④列出盆地边界。参考渲染后的效果图和等高线，确定河南省的盆地边界线。⑤划分出其它地形边界。参考陆地上 5 种基本地形的划分标准，即平原（Value ≤ 200 m）、山地（Value＞500 m）和丘陵（200＜Value≤500 m），从盆地外的 DEM 数据中提取地形。以平原提取步骤为例，空间分析工具（spatial analyst tools）→地图代数（map algebra）→栅格计算器（raster calculator），输入“Value ≤ 200 m”，提取出平原的纯栅格数据，再利用转换工具(conversation tools)→栅格数据(raster)→栅格转面要素类(raster to polygon)得出平原的矢量边界，其它地形的提取方法也是如此。⑥得到地形分类后，依据改进的仙农熵公式 Y_h，即空间分布面积指数研究探讨不同地形上土壤多样性的特征等。

不同地形上的土壤空间分布多样性的计算步骤如下：①运用 ArcGIS10.0 软件逐一提取不同地形上的土壤信息。②叠加 1km×1km 网格尺度图与不同地形上的土壤数据图层。③计算不同地形上的土壤空间分布多样性。

5.1.2　研 究 方 法

1. 经典的仙农熵公式

土壤多样性经典的仙农熵指数主要包括多样性指数 H'（段金龙和张学雷，2011）、

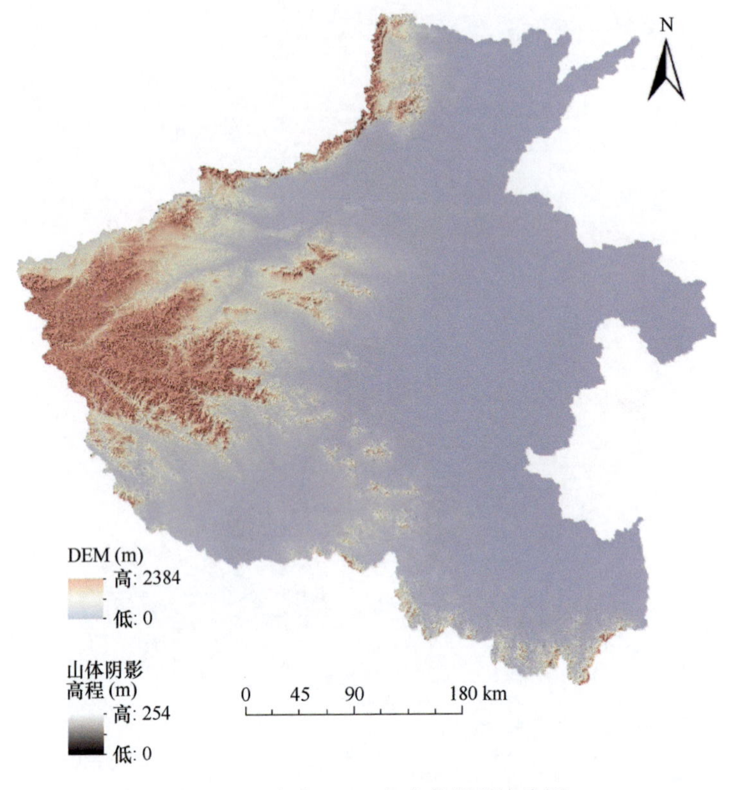

图 5.2　河南省 DEM 与山体阴影渲染图

均匀度指数 E（檀满枝等，2003）、丰富度指数 S。具体公式与 2.3.3 节土壤和地形地貌多样性中的式（2.1）（$H' = -\sum P_i \ln P_i$）和式（2.2）（$E = H'/H_{\max} = H'/\ln S$）保持一致，$S$ 表示土壤/地形地貌类别数，这 3 个指数主要研究不同地形下土壤类别的数目及分布是否均匀。

2. 改进的仙农熵公式

其与 2.3.3 节土壤和地形地貌多样性中的式（2.3）保持一致，改进的仙农熵公式主要研究 1 km×1 km 网格尺度下，不同地形下每个土壤类型的面积及其空间分布离散性。

5.2　不同地形下发育的土壤多样性特征

5.2.1　地形分类结果

对河南省 DEM 数据进行处理并利用高程值逐一提取不同的地形边界，其地形分类结果如图 5.3 所示。

河南省有平原、丘陵、山地和盆地 4 种地形，东西面积大致对半，中东部主要是平原，平原在所有地形中面积最大且地势西高东低，三面环山，西部是伏牛山脉、北部是太行山脉、南部是桐柏山脉和大别山脉。西部以山地、丘陵居多，盆地主要分布在河南

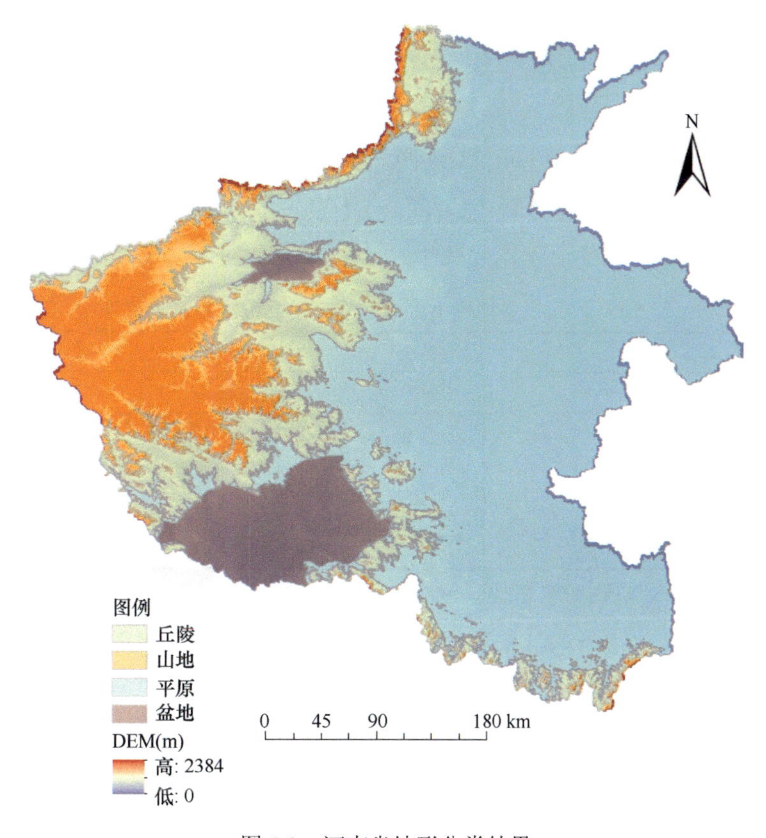

图 5.3　河南省地形分类结果

省的西南部和西北部。其中，西南部是南阳盆地的一部分，主要分布在南阳市和驻马店市，另一部分位于湖北省的西北部。本章案例中仅包括河南部分，其三面环山呈扇形分布，盆地内部分布有汉江及其支流唐河和白河等，盆地边缘是起伏的岗地，海拔为 140 ～200 m，盆地中部是冲积洪积和冲积湖积平原，海拔为 80～120 m。西北部是呈椭圆形的洛阳盆地，其由伊洛河冲积形成，面积约 1000 km^2。

5.2.2　不同地形下土壤的丰富度指数及分支率特征

统计土壤数据可知，河南省土类、亚类和土属的个数分别是 15 个、39 个和 138 个。将土类面积按照降序排列分别是：潮土、褐土、黄褐土、砂姜黑土、粗骨土、水稻土、石质土、棕壤、黄棕壤、红黏土、风沙土、紫色土、新积土、碱土和盐土。其中，潮土和褐土的面积占全省土壤总面积的比例分别为 32.04%和 17.25%，它们分别为河南省的第一大和第二大土类，尤其是潮土，其面积最大且分布区域最广，而碱土和盐土的面积占全省土壤总面积的比例分别为 0.06%和 0.02%，是河南省面积最小的土类。

表 5.1 是不同地形下土类、亚类和土属的丰富度和分支率的计算结果。由表 5.1 可知：①与其它地形相比，平原的土类、亚类和土属的个数最多，即丰富度最好，表明河南省平原上的土壤类型更为复杂、多样化且形态各异。②河南省 15 个土类在每种地形

上的丰富程度不同，且在平原上均有分布，即 15 个，然后依次是丘陵 13 个，山地 12 个和盆地 9 个。这表明与其它地形相比，平原能够提供适合更多种土壤类型发育的环境条件。③随着土壤分类从土类到亚类、土属级别，平原、丘陵、山地和盆地的土壤丰富度指数值在不同程度上呈上升趋势，这与土壤分类系统的分支率有关。就分支率而言，从高级别到低级别，平原、丘陵和山地土壤分类系统的分支率均呈上升趋势，而盆地基本持平，说明土壤分类系统中较低分类单元一般多于较高分类单元的态势。

表 5.1　河南省各地形下土壤类别数量及分类系统分支率

地形类别	土壤分类系统			分支率	
	土类 （个）	亚类 （个）	土属 （个）	N_2/N_3	N_1/N_2
平原	15	37	114	2.47	3.08
丘陵	13	34	102	2.62	3.00
山地	12	29	87	2.42	3.00
盆地	9	20	44	2.22	2.20

注：分支率 $BR = N_i/N_{i+1}$，N_1 代表土属，N_2 代表亚类，N_3 代表土类。

分析河南省 4 种地形的面积和 3 个土壤分类级别的丰富度指数间的关系，以土类为例，结果如图 5.4 所示。由图 5.4（a）可知，土类丰富度指数随着不同地形面积的变大而呈上升趋势，且二者拟合度最高时的函数关系是多项式函数，如图 5.4（b）所示。亚类、土属与地形面积之间的关系也是如此，说明在研究区内，土类、亚类和土属的丰富度指数随着不同地形面积的增加而呈现出上升态势。

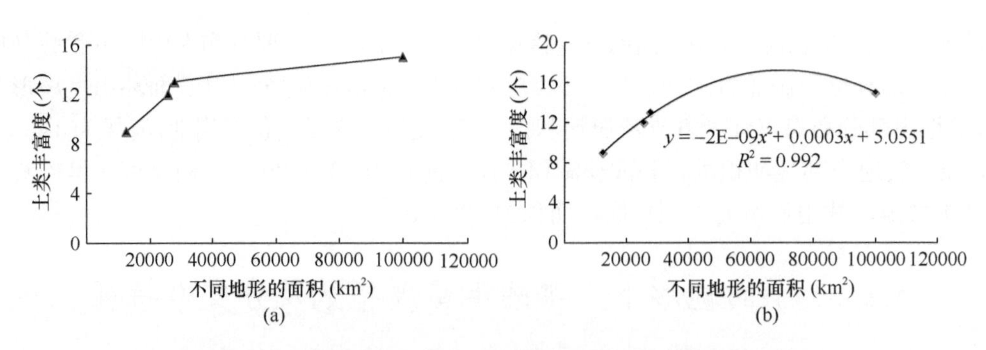

图 5.4　土类丰富度与不同地形面积的关系及拟合函数分析

5.2.3　不同地形下的土壤多样性特征

1. 土壤构成组分多样性

利用 2.3.3 节中经典的仙农熵式（2.1）和式（2.2）分别计算不同地形下土类、亚类和土属的多样性指数与均匀度指数，利用式（2.3）计算土壤的构成组分多样性，结果见表 5.2。

表 5.2　不同地形下土壤多样性指数 H'、均匀度指数 E 和土壤构成组分多样性

地形类别	H'			E			土壤构成组分多样性		
	土类	亚类	土属	土类	亚类	土属	土类	亚类	土属
平原	1.559	2.477	3.565	0.576	0.691	0.753	0.576	0.691	0.753
丘陵	1.769	2.685	3.524	0.69	0.761	0.762	0.69	0.761	0.762
山地	1.65	2.506	3.345	0.664	0.744	0.749	0.664	0.744	0.749
盆地	1.196	1.427	2.256	0.544	0.477	0.596	0.544	0.477	0.596

运用改进的仙农熵公式计算土壤构成组分多样性，其计算结果与经典的均匀度指数 E 保持一致，表明在描述类别多样性时二者在理论内涵上是一致的。此外，改进的仙农熵公式还能进一步表征每一种自然要素类别在特定区域的空间分布离散性。

就多样性指数 H' 而言，其可以表征类别上的多样性。总体来讲，从平原、丘陵、山地到盆地，该指数值随着土壤分类级别从高级别到低级别而呈现上升趋势，其平均值分别为 1.544（土类多样性）、2.274（亚类多样性）和 3.173（土属多样性），土类和亚类的多样性指数值呈先上升后下降趋势，土属一直呈下降趋势。这除了受土壤分类系统从高级别到低级别扩散分支的影响外，也可能与 4 种地形下土壤的附加成土过程和人类活动强度有关。此外，由于河南省盆地分布集中且面积最小，平原、丘陵、山地的多样性指数值到盆地的多样性指数值均呈下降趋势，但程度不同。同时，分布在盆地上的土类、亚类和土属的个数也较少，因此盆地上的多样性指数值不高。

就均匀度指数 E、土壤构成组分多样性而言，其可以表征所有分类单元在数量构成上的均匀程度。①从纵向来看，随着地形类别从平原、丘陵、山地到盆地的变化，土类、亚类和土属的均匀度指数值均呈先上升后下降趋势，且通过对比可知，从山地到盆地的均匀度指数值下降幅度较为明显，表明与其它地形相比，盆地在研究区内的分布是最不均匀的，通过本章地形分类结果可知，这与盆地的数量、面积和分布位置有很大关系，也在一定程度上导致盆地的土壤类型分布较为集中但均匀程度也不高。②从横向来看，在平原、丘陵和山地，土壤分类级别从土类、亚类到土属其均匀度指数值呈递增趋势。以丘陵为例，其值分别为 0.69、0.761 和 0.762。但在盆地上，其均匀度指数值呈先下降后上升态势，这应该与南阳盆地和洛阳盆地内分布的土壤类型和面积有关。除在这两个盆地中均有分布的土壤类型外（如潮土和红黏土），部分土壤类型仅分布在某一个盆地中，如砂姜黑土、石质土、水稻土、粗骨土和黄褐土只分布在南阳盆地，褐土仅分布在洛阳盆地。

综上所述，在土壤多样性的经典算法下，4 种地形就土壤分类系统中的土类、亚类和土属 3 个级别，由于受到土壤分类系统分支率的影响，土属的多样性指数值和均匀度指数值均是最高的。同时，从山地到盆地，多样性指数值和均匀度指数值均呈下降趋势，但程度不同，这与盆地在河南省的位置、面积及盆地内的土壤类型和斑块面积有关。

图 5.5 是平原、丘陵、山地和盆地上的土壤构成组分多样性和土壤分类系统分支率间的拟合函数分析。分析结果表明，河南省 4 种地形下土壤分类系统分支率（亚类和土类间的分支率 N_2/N_3、土属和亚类间的分支率 N_1/N_2）与土壤的构成组分多样性之间

存在一定的相关关系，且二者间的拟合关系均是多项式函数时，决定系数 R^2 值最高。

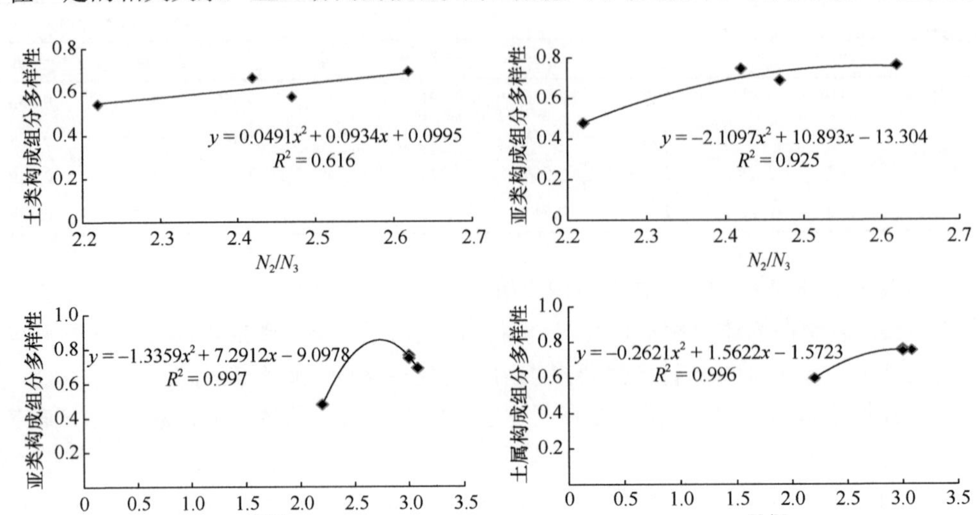

图 5.5　分支率与土壤构成组分多样性间的关系

2. 土壤空间分布多样性

图 5.6 是不同地形每种土类占本土类总面积的比例结果统计图。分别将河南省平原、丘陵、山地和盆地的土壤图与其 1 km × 1 km 网格尺度图进行叠置分析，并利用改进的仙农熵公式［式（2.3）］计算其土壤空间分布多样性指数值（Y_h），以研究不同地形下每一种土类在空间分布上的离散程度，计算结果见表 5.3。

以图 5.6（a）为例，图 5.6（a）显示不同地形下每种土类占本土类总面积的比例，在平原、丘陵、山地和盆地，有 95.89%的潮土分布在平原上，表明潮土是该地形下呈高比例分布的土类，褐土在 4 种地形下的分布较为均匀，但在丘陵中面积比例最高，属于丘陵上呈高比例分布的土类。其它土类也按照这样的方法进行划分，统计可知，平原、丘陵、

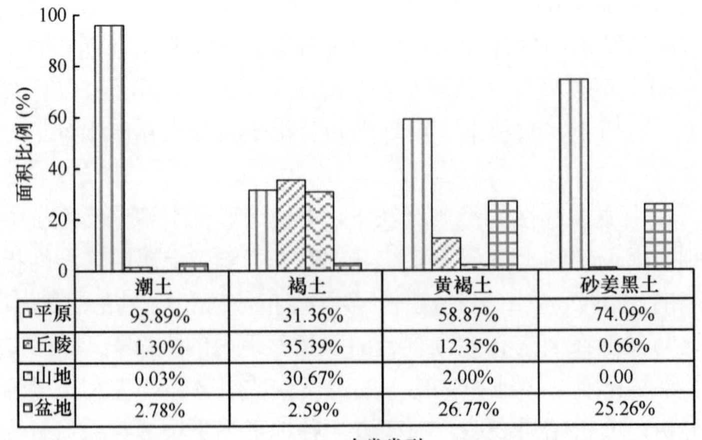

	潮土	褐土	黄褐土	砂姜黑土
平原	95.89%	31.36%	58.87%	74.09%
丘陵	1.30%	35.39%	12.35%	0.66%
山地	0.03%	30.67%	2.00%	0.00
盆地	2.78%	2.59%	26.77%	25.26%

(a)

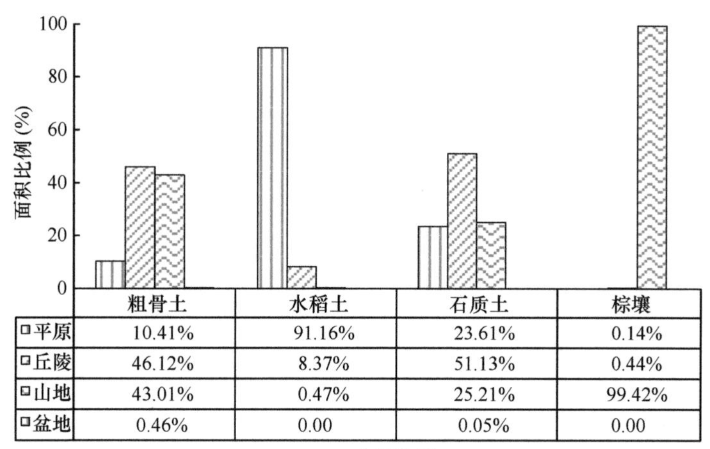

	粗骨土	水稻土	石质土	棕壤
平原	10.41%	91.16%	23.61%	0.14%
丘陵	46.12%	8.37%	51.13%	0.44%
山地	43.01%	0.47%	25.21%	99.42%
盆地	0.46%	0.00	0.05%	0.00

(b)

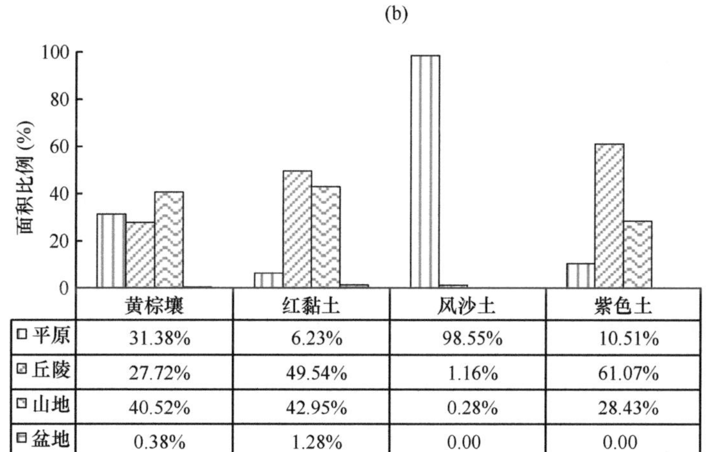

	黄棕壤	红黏土	风沙土	紫色土
平原	31.38%	6.23%	98.55%	10.51%
丘陵	27.72%	49.54%	1.16%	61.07%
山地	40.52%	42.95%	0.28%	28.43%
盆地	0.38%	1.28%	0.00	0.00

(c)

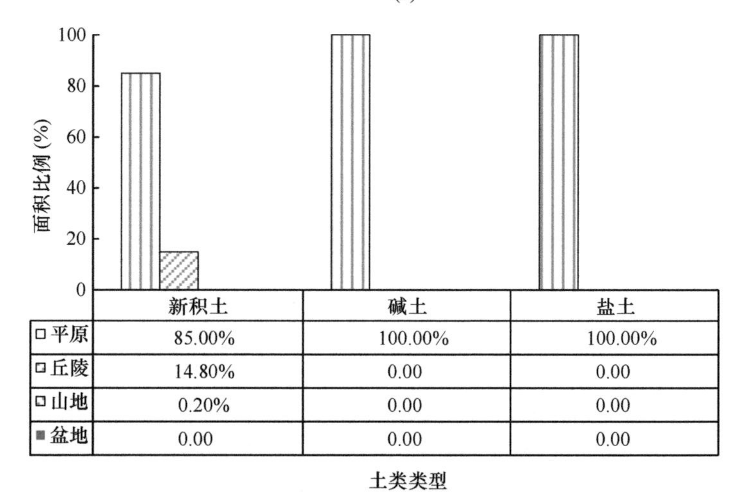

	新积土	碱土	盐土
平原	85.00%	100.00%	100.00%
丘陵	14.80%	0.00	0.00
山地	0.20%	0.00	0.00
盆地	0.00	0.00	0.00

(d)

图 5.6　不同地形下各土类占本土类总面积的比例

表 5.3　不同地形下的土类面积及空间分布多样性（Y_h）

土类类型	平原		丘陵		山地		盆地	
	面积（km^2）	多样性值	面积（km^2）	多样性值	面积（km^2）	多样性值	面积（km^2）	多样性值
潮土	49487.259	0.928	671.938	0.661	17.909	0.388	1432.555	0.795
黄褐土	12846.857	0.841	2695.301	0.803	437.074	0.654	5841.924	0.93
砂姜黑土	11888.974	0.824	105.180	0.470	0.000	0.000	4052.711	0.895
水稻土	8052.893	0.807	738.915	0.713	41.539	0.493	0.070	0.071
褐土	8713.704	0.796	9833.397	0.896	8522.239	0.896	718.655	0.707
粗骨土	1608.986	0.698	7127.966	0.879	6647.926	0.88	71.537	0.532
石质土	1283.879	0.675	2780.095	0.799	1370.541	0.745	2.610	0.207
黄棕壤	1106.796	0.661	977.740	0.721	1429.282	0.735	13.400	0.356
风沙土	1043.664	0.646	12.311	0.296	2.994	0.168	0.000	0.000
红黏土	195.521	0.511	1555.032	0.737	1347.911	0.736	40.163	0.442
新积土	189.674	0.496	33.03	0.379	0.447	0.047	0.000	0.000
碱土	95.066	0.446	0.000	0.000	0.000	0.000	0.000	0.000
紫色土	84.133	0.441	489.044	0.633	227.652	0.573	0.000	0.000
盐土	24.588	0.322	0.000	0.000	0.000	0.000	0.000	0.000
棕壤	7.368	0.227	22.877	0.398	5208.985	0.843	0.000	0.000

山地上明显呈高比例分布的土类分别有 8 个、5 个和 2 个，盆地上无明显呈高比例分布的土类。在上述分析的基础上，结合表 5.3 确定每一种地形下的优势土壤类型（本章研究中是土类级别），具体如下。

平原（图 5.7）：分布在该地形条件下的土类有 15 个，丰富度指数最高，即河南省的所有土类类型在平原上均有分布。由图 5.6 可知，每一种土类占本土类总面积的比例在 58%以上的土类有 8 个，分别为潮土、砂姜黑土、新积土、黄褐土、水稻土、风沙土、盐土和碱土。表 5.3 显示潮土的面积最大（49487.259 km^2）且空间分布多样性指数值最高（0.928），究其原因是河南省的平原上地势开阔平坦且比降小，属于黄河、淮河及其支流冲积沉积区域，沉积物深厚，地下水位埋深一般在 3m 左右，从而为潮土的形成提供了良好的地域背景条件，使其成为该地形下的优势土类。碱土和盐土的面积与空间分布多样性指数值分别为 95.066 km^2 和 0.446、24.588 km^2 和 0.322，这两种土类仅分布在平原上，但由于其面积和空间分布多样性指数值低，是平原上的稀有土类。

丘陵（图 5.8）：由图 5.6 可知，分布在该地形条件下的 13 个土类中，占本土类总面积的比例在 35%以上的土类有 5 个，分别为褐土、石质土、红黏土、粗骨土和紫色土。同时，由表 5.3 可知，丘陵上褐土的面积最大（9833.397 km^2）和空间分布多样性指数值最高（0.896），是该地形条件下的优势土类。61%以上的紫色土分布在丘陵上，但由于其面积总量较少（489.044 km^2）不能作为优势土类。图 5.8 展示了 1km×1km 网格尺度下丘陵上不同土类的分布状况。

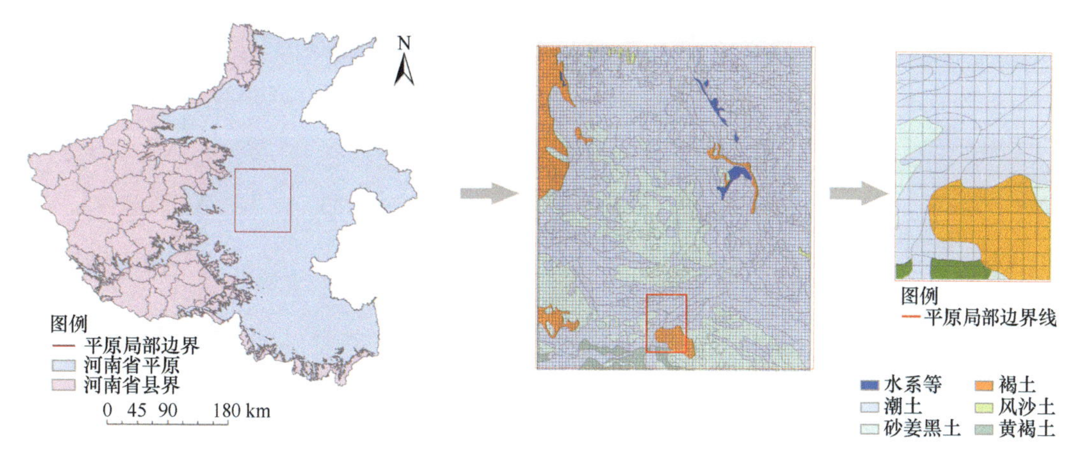

图5.7　河南省1 km×1 km网格平原上土壤局部分布

图中浅蓝色为潮土土类，是在潮土所属各个土属上汇总起来的（潮土土类内的多边形即不同潮土土属），显示出平原上各种潮土土属的分布最为常见

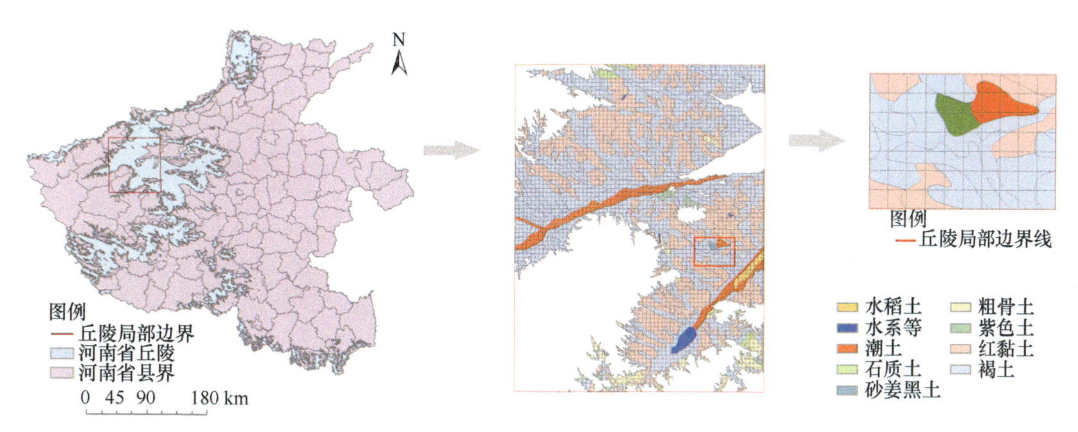

图5.8　河南省1 km×1 km网格丘陵上土壤局部分布

山地（图5.9）：由图5.6可知，分布在该地形条件下的12个土类中，明显呈高比例分布的土类有2个，分别是棕壤（99.42%）和黄棕壤（40.52%）。然而由表5.3可知，该地形条件下褐土的面积值最大且空间分布多样性指数值最高，分别是8522.239 km^{2}和0.896，棕壤的这两项值分别是5208.985 km^{2}和0.843。因此，该地形条件下的优势土类是褐土。

盆地（图5.10）：共有9个土类类型分布在该地形条件下，将它们按照面积大小降序排列依次是黄褐土、砂姜黑土、潮土、褐土、粗骨土、红黏土、黄棕壤、石质土和水稻土。每一个土类面积占本土类总面积的比例较大的有黄褐土（26.77%）和砂姜黑土（25.26%）。由表5.3可知，黄褐土的面积和空间分布多样性指数值最大（5841.924 km^2，0.93），其次是砂姜黑土（4052.711 km^2，0.895）。因此，在盆地中，空间分布多样性指数值较高的土类是黄褐土和砂姜黑土。

此外，两个盆地在土壤类型、土类个数、土壤斑块面积和空间分布多样性指数值等方面相比，西南部的南阳盆地优于西北部的洛阳盆地，这是由于受到盆地面积大小和地带性因素等的影响。

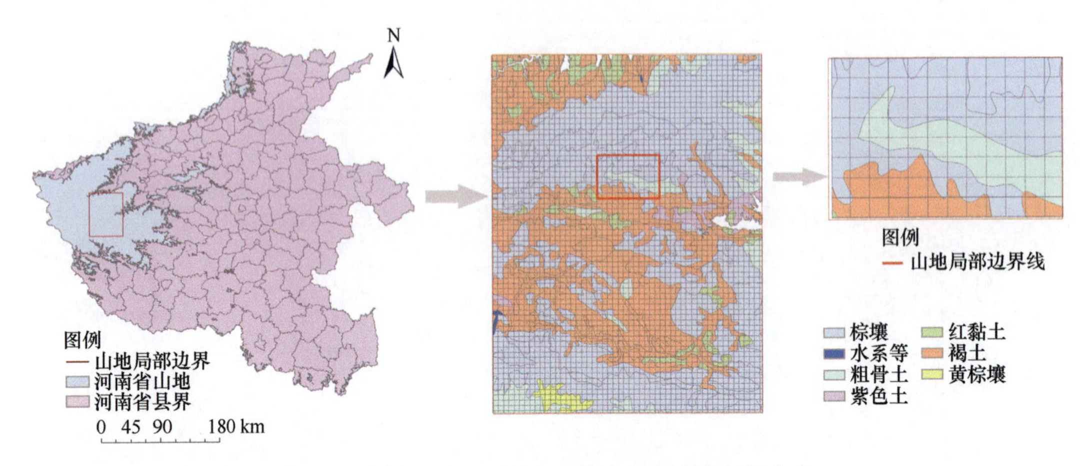

图 5.9　河南省 1 km×1 km 网格山地上土壤局部分布

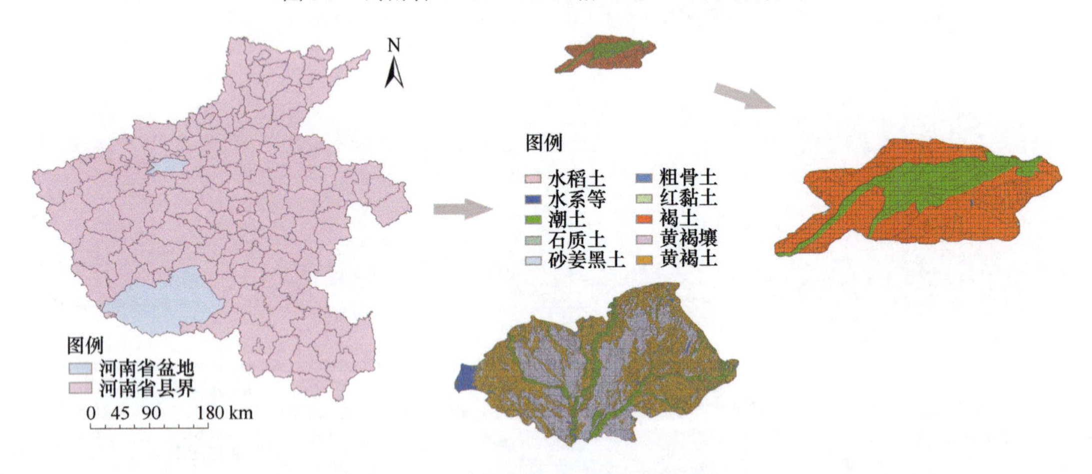

图 5.10　河南省盆地上的土类分布

综上所述，改进的仙农熵公式 Y_h 这一新的测度方法能够反映不同地形上每一种土壤类型的空间分布离散性特征，也表明在土壤的自然发生过程中，地形作为重要的因素之一直接对土壤类型的多样性构成与分布产生影响。将其与经典的仙农熵公式，即多样性指数 H'、均匀度指数 E、丰富度指数 S 土壤构成组分多样性进行对比，结果如图 5.11 所示。由图 5.11 可知，土类的丰富度指数随着地形从平原、丘陵、山地到盆地变化，其呈下降趋势，其它 4 个指数均呈先上升后下降的态势。这在一定程度上说明了由改进的仙农熵公式计算得出的土壤多样性平均值与经典的土壤发生学分布特征一致。

在较大的地域范围内，不同的地形其土壤发生、分布特征及水系的发育等均不相同。本章以河南省为例，研究视角定位在大比例尺控制下的不同地形上的土壤多样性格局，研究方法从经典的仙农熵指数向改进的仙农熵指数递进。研究发现：

（1）河南省的 4 种地形分别是平原、山地、丘陵和盆地，其中，面积最大且地形多样性值最高的是中东部平原。

（2）在经典土壤多样性算法下，从平原、丘陵、山地到盆地，土类、亚类和土属的丰富度指数依次递减，且随着地形面积的增加，该指数处于上升趋势。不同地形下，土属的

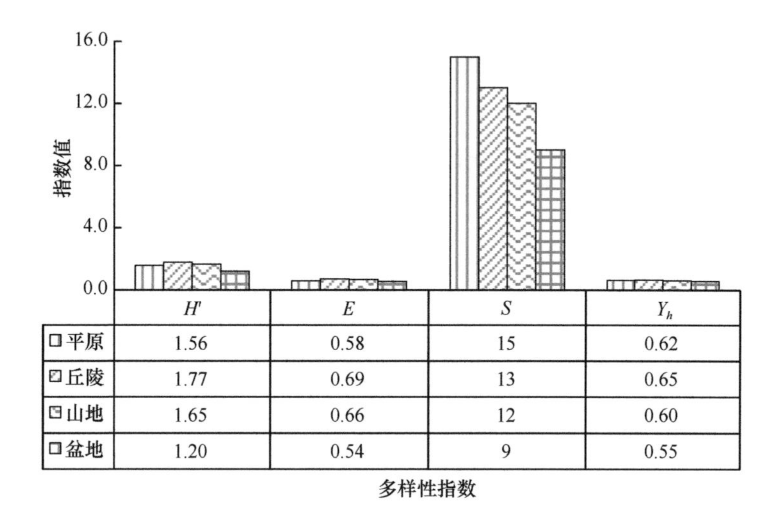

	H'	E	S	Y_h
平原	1.56	0.58	15	0.62
丘陵	1.77	0.69	13	0.65
山地	1.65	0.66	12	0.60
盆地	1.20	0.54	9	0.55

图 5.11　不同地形下所用土壤多样性指数间的对比

多样性指数值和均匀度指数值最高，且从山地到盆地，土壤的构成组分多样性指数值均有不同程度的下降趋势。此外，不同地形下土壤分类系统分支率与土壤的构成组分多样性之间存在相关性。

（3）根据土壤空间分布多样性的离散性特点，不同地形类型上优势土类不同，平原是潮土，丘陵和山地均是褐土，盆地以黄褐土和砂姜黑土为主。

综上所述，基于不同地形类型的土壤空间分布多样性指数 Y_h 在空间离散性分布描述上优于其经典指数（多样性指数 H' 、均匀度指数 E、土壤构成组分多样性和丰富度指数 S ）。

第 6 章　多级地貌特征与土壤多样性

第 5 章运用经典的和改进的仙农熵指数测度方法分析了平原、丘陵、山地和盆地上的土壤多样性格局，研究指出，多样性指数 Y_h 在描述空间分布离散性方面的优势。本章主要从另外一个视角探索土壤和地貌要素多样性间的内在关系，即在大尺度控制省域地形类别的基础上，针对不同土壤分类级别所指向的具体地貌单元，获取更为详细的 3 个不同级别的地貌分类数据，运用改进的仙农熵公式探索小尺度、高分辨率下地貌类别多样性、地貌和土壤空间分布多样性及二者间的关联性。

第 5 章的相关研究在土壤和地形地貌研究方面取得了一定的进展，但并未用改进的仙农熵公式对地貌及其与土壤多样性之间的相关性进行研究，且本章获取的地貌分类数据较为详尽，有利于对研究区的地貌概况、空间分布离散性及与土壤多样性之间的相关性进行深入分析。同时，考虑到河南省面积较大且地貌分类较细，与土壤分类图进行叠加分析时产生的斑块较多、数据计算量大，故网格尺度选择 3 km×3 km。本章主要对地貌空间分布多样性、土壤和地貌要素的构成组分多样性、分支率及二者间的相关性进行分析，以期从新的视角探索地貌和土壤要素多样性间的关联程度，并为土壤多样性向地多样性的研究打下基础。

6.1　材料与方法

6.1.1　数据来源与处理

河南省的土壤数据来自全国第二次土壤普查河南省数字化土壤图（河南省土肥站）。地貌分类数据来自对河南省 1∶175 万地貌类型图的矢量化，使用软件为 ArcGIS10.0，具体获取步骤如下：①配准。在 ArcMap 中添加河南省地貌图（.jpg 格式）通过 georeferencing（影像配准）工具条在适当的位置添加控制点并输入相应的地理坐标，控制点一般要求均匀分布在整个图件上。②输出。单击 georeferencing（影像配准）工具下的自动配准（auto adjust）后通过 rectify（矫正）选择输出配准的文件格式及储存路径。③矢量化。新建.shp 格式的面文件，单击 editor（编辑）工具条下的“开始编辑”，使用 auto-complete polygon（自动完成多边形）工具对河南省地貌图进行矢量化。此外，矢量化完成后需检查不同图斑之间否有空白区域，若有则填充，并将其与所属图斑合并。④管理属性表。对矢量化后的地貌分类图的.shp 文件，打开属性表添加新的字段（一级地貌、二级地貌和三级地貌），并为不同的图斑赋上相应的属性。

在以上获取到的地貌分类图和土壤分类图的基础上，对两个要素的多样性特征及相关性进行分析，具体步骤如下：①计算河南省地貌构成组分多样性（一级地貌、二级地貌和三级地貌）、土壤构成组分多样性（土类、亚类和土属）和两种分类系统下的分支率并研究其特征。②探索 3 km×3 km 网格尺度下（图 6.1，其网格数目为 18920 个）研究区的地貌空间分布多样性和土壤空间分布多样性特征。③分别计算一级地貌与土类、亚类和土属间公共斑块的空间分布多样性，以便分析要素间的相关关系。

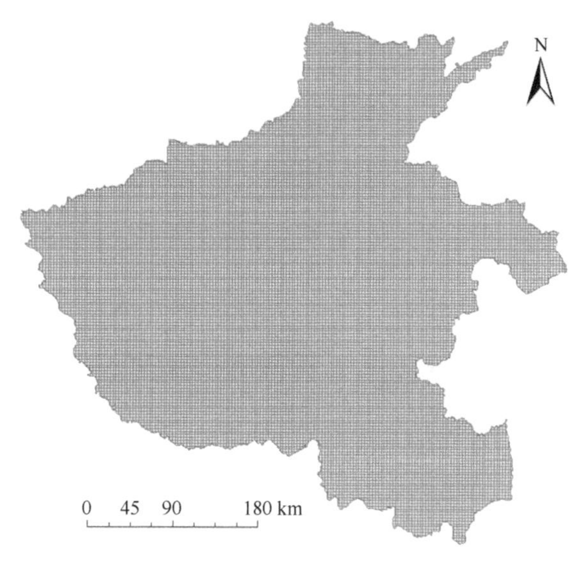

图 6.1　河南省 3 km×3 km 网格尺度图

6.1.2　研究方法

（1）改进的仙农熵公式。其与 2.3.3 节土壤和地形地貌多样性中的式（2.3）保持一致，主要研究一定网格尺度下的土壤多样性和多级地貌分类的空间分布离散性。

（2）关联分析。其与 2.3.6 节资源分布的关联性中的式（2.9）～式（2.12）保持一致。其中，用式（2.10）和式（2.11）分别计算地貌和土壤的空间分布多样性，用式（2.12）计算一级地貌与土类、亚类和土属公共斑块的空间分布多样性，最后用式（2.9）对二者的关联系数进行计算，以探索地貌和土壤在空间分布上的交互关系。该关联系数越大，表明两个要素间相互重叠部分越多，其关联性就越强。

6.2　地貌与土壤空间分布多样性特征

6.2.1　地貌分类结果

河南省地貌分类等级情况见表 6.1，一级地貌有 3 个、二级地貌有 12 个、三级地貌有 37 个。其中，流水地貌内包含 6 个二级地貌、23 个三级地貌，黄土地貌内包含 3 个二级地貌、7 个三级地貌，岩溶地貌内包含 3 个二级地貌和 7 个三级地貌。

图 6.2 为河南省一级地貌类型分布图，从图 6.2 可以看出，该等级的地貌以流水地貌为主，且在研究区内几乎均有分布，岩溶地貌主要集中分布在西北部和西南部，黄土地貌主要分布在西部。

表 6.1　河南省地貌类型等级系统

一级地貌	二级地貌	三级地貌
流水地貌	侵蚀剥蚀中山	大起伏中山
		中起伏中山
	侵蚀剥蚀低山	中起伏低山
		小起伏低山
	侵蚀剥蚀丘陵	高丘陵
		低丘陵
	侵蚀剥蚀台地	基岩高台地
		基岩低台地
		早期堆积台地
	洪积（山麓冲积）平原	洪积扇
		起伏的洪积平原
		倾斜的洪积平原
	冲积平原	决口扇
		洼地
		黄河滩地
		古河道高地
		岗地
		泛滥平坦地
		沙丘砂地
		沙岗砂地
		河谷平原
		自然堤
		低缓平原
黄土地貌	黄土覆盖的中山	中起伏中山
		小起伏中山
	黄土覆盖的低山	中起伏低山
		小起伏低山
	黄土台地丘陵	黄土塬
		黄土平梁
		黄土丘陵
岩溶地貌	溶蚀侵蚀中山	大起伏中山
		中起伏中山
	溶蚀侵蚀低山	中起伏低山
		小起伏低山
	溶蚀侵蚀丘陵	高丘陵
		低丘陵
		残丘

图 6.3 为二级地貌类型分布图，由图 6.3 可知，二级地貌以冲积平原为主，主要分布在研究区的中东部，侵蚀剥蚀中山集中分布在西部，洪积平原主要分布在西南部，北部也有少许分布，侵蚀剥蚀低山从东南部延伸到中西部。

图 6.4 为三级地貌类型分布图，由图 6.4 可知，泛滥平坦地在研究区内有较多分布，低缓平原集中分布在东南部，河谷平原主要分布在南阳盆地和黄河西段的南北部。

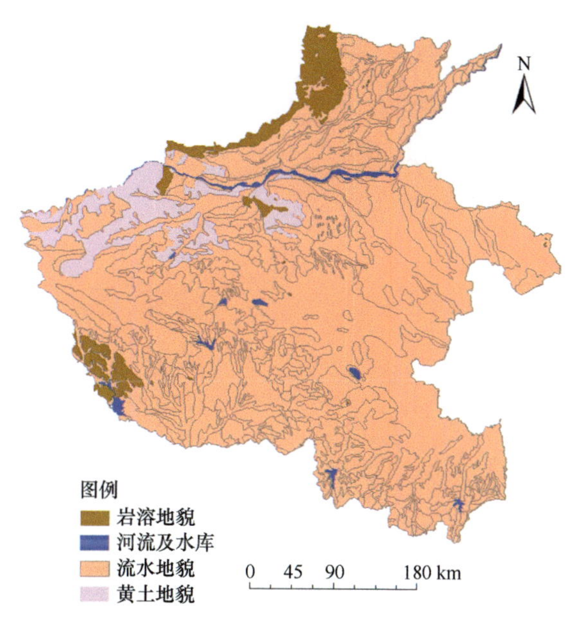

图 6.2　河南省一级地貌类型分布图

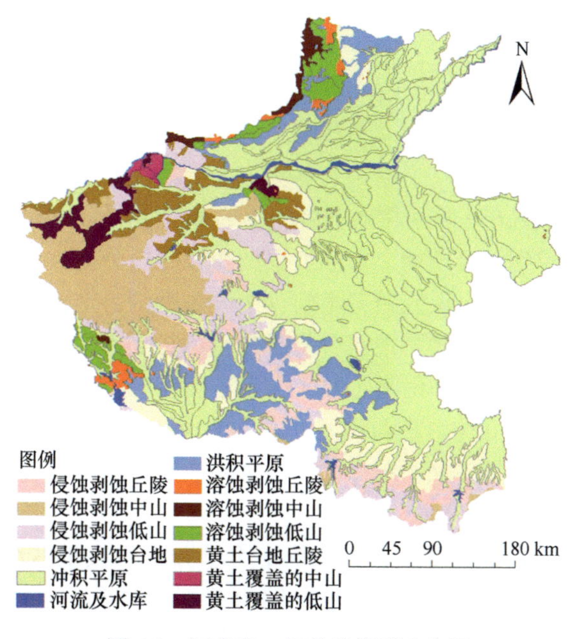

图 6.3　河南省二级地貌类型分布图

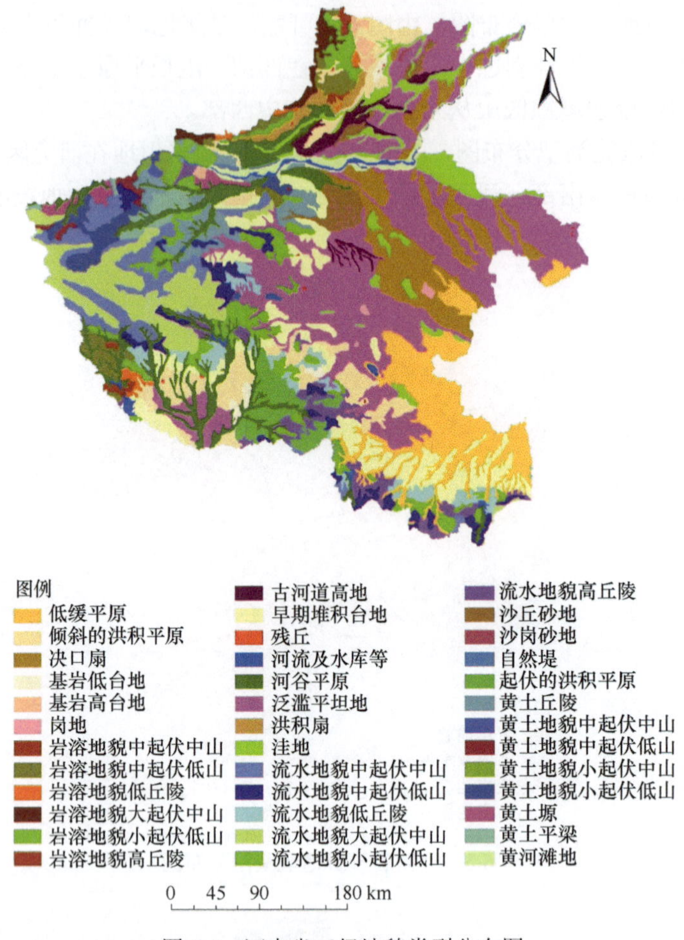

图 6.4　河南省三级地貌类型分布图

6.2.2　地貌、土壤构成组分多样性和分支率

图 6.5 是河南省地貌和土壤分类构成组分多样性，由图 6.5 可知：①随着地貌等级从一级地貌、二级地貌到三级地貌，其分类数量和构成组分多样性值均处于上升趋势且变化幅度较大（0.38～0.81），说明随着不同等级分类变细，地形地貌从明显的区域性分布趋于均匀分布。②河南省土壤构成组分多样性随着分类级别从土类、亚类到土属，其数量和多样性值均呈上升趋势，说明研究区内土壤所有分类单元在数量构成上的均匀程度越来越高，且最小值为 0.74，进而说明河南省土壤分布整体较均匀。③从总体上看，土壤类型的个数整体大于地貌类型的个数，土壤构成组分多样性值与地貌构成组分多样性值相比也是如此。

从表 6.2 可以看出，两个要素分类系统中土壤分支率较地貌分支率有较大范围的变化，分类等级中有更丰富的分支，也有较为单一的分支，且土壤分类较地貌分类有更详细的分类体系。在地貌分支率中，流水地貌的分支较黄土地貌和岩溶地貌来说更丰富。

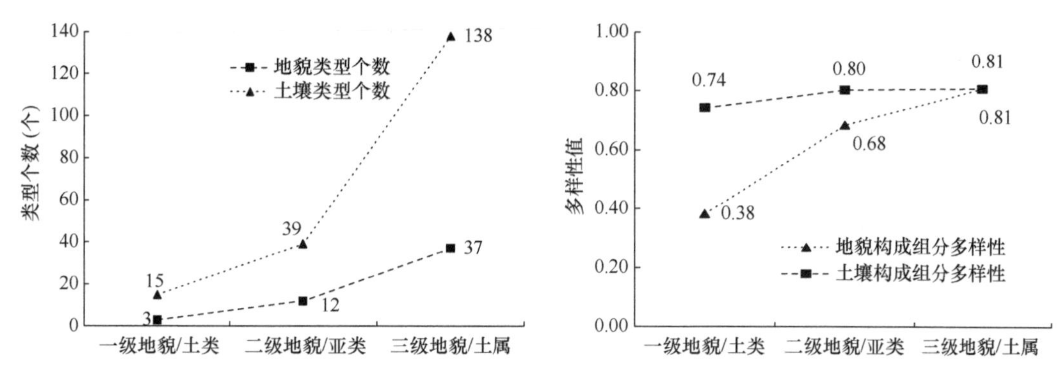

图 6.5　河南省地貌和土壤分类构成组分多样性

表 6.2　河南省土壤和地貌分类系统分支率

数据集	N_1/N_2	N_2/N_3	N_3/N_4	数据集	N_1/N_2	N_2/N_3	N_3/N_4
整个土壤分类系统	3.54	2.60	15.00	整个地貌分类系统	3.08	4.00	3.00
潮土	4.00	7.00		流水地貌	3.83	6.00	
粗骨土	1.67	3.00		黄土地貌	2.33	3.00	
风沙土	3.00	1.00		岩溶地貌	2.33	3.00	
褐土	7.40	5.00					
红黏土	1.50	2.00					
黄褐土	3.25	4.00					
黄棕壤	3.50	2.00					
碱土	1.00	1.00					
砂姜黑土	4.00	2.00					
石质土	2.50	2.00					
水稻土	2.50	4.00					
新积土	2.00	1.00					
盐土	1.00	1.00					
紫色土	2.00	1.00					
棕壤	4.33	3.00					

注：分支率 BR=N_i/N_{i+1}；N_1 表示土属或三级地貌；N_2 表示亚类或二级地貌；N_3 表示土类或一级地貌；N_4 表示整个土壤/地貌分类系统。

6.2.3　地貌空间分布多样性特征

表 6.3～表 6.5 分别是研究区一级地貌、二级地貌和三级地貌的空间分布多样性，其均按照空间分布多样性指数值由大到小排序。

表 6.3　研究区一级地貌空间分布多样性

名称	Y_h	面积（km^2）	图斑数量（个）
流水地貌	0.99	145449.63	369
黄土地貌	0.73	10161.28	38
岩溶地貌	0.70	7703.42	47

表 6.4　研究区二级地貌空间分布多样性

名称	Y_h	面积（km^2）	图斑数量（个）
冲积平原	0.94	85269.11	137
侵蚀剥蚀中山	0.77	15979.35	20
洪积平原	0.77	13934.77	39
侵蚀剥蚀台地	0.76	12033.98	54
侵蚀剥蚀低山	0.75	11055.11	69
侵蚀剥蚀丘陵	0.71	7177.31	50
黄土台地丘陵	0.69	6347.64	28
溶蚀侵蚀低山	0.66	4696.20	18
黄土覆盖的低山	0.62	3182.86	7
溶蚀侵蚀丘陵	0.56	1503.89	26
溶蚀侵蚀中山	0.55	1503.34	3
黄土覆盖的中山	0.45	630.79	3

表 6.5　研究区三级地貌空间分布多样性

名称	Y_h	面积（km^2）	图斑数量（个）	名称	Y_h	面积（km^2）	图斑数量（个）
泛滥平坦地	0.86	35665.91	33	沙丘砂地	0.59	2372.28	5
河谷平原	0.76	11491.83	15	岩溶地貌小起伏低山	0.58	2132.55	6
低缓平原	0.76	13745.84	8	岩溶地貌大起伏中山	0.54	1418.37	2
早期堆积台地	0.74	10507.64	45	黄土平梁	0.54	1407.86	6
决口扇	0.74	11219.22	16	洪积扇	0.54	1395.89	2
倾斜的洪积平原	0.72	8807.97	27	黄土塬	0.52	1186.39	5
流水地貌大起伏中山	0.72	9272.95	6	岩溶地貌低丘陵	0.49	775.84	6
流水地貌小起伏低山	0.70	6944.37	46	基岩高台地	0.48	783.53	4
洼地	0.70	6111.31	21	基岩低台地	0.48	742.81	5
流水地貌中起伏中山	0.69	6706.40	14	岩溶地貌高丘陵	0.46	640.05	6
流水地貌中起伏低山	0.65	4110.75	23	黄土地貌中起伏低山	0.46	575.31	3
流水地貌高丘陵	0.65	3792.12	22	黄土地貌小起伏中山	0.43	493.31	2
黄土丘陵	0.64	3753.38	17	沙岗砂地	0.40	170.13	21
流水地貌低丘陵	0.64	3385.20	28	自然堤	0.37	220.21	3
起伏的洪积平原	0.63	3730.91	10	岗地	0.36	216.01	3
岩溶地貌中起伏低山	0.60	2563.65	12	残丘	0.36	87.99	14
黄河滩地	0.60	1930.11	5	黄土地貌中起伏中山	0.30	137.48	1
黄土地貌小起伏低山	0.60	2607.55	4	岩溶地貌中起伏中山	0.26	84.97	1
古河道高地	0.59	2126.26	7				

由表 6.3 可知，河南省一级地貌分类中的优势地貌是流水地貌，其空间分布多样性指数值最高、面积最大和图斑数量最多，其中空间分布多样性值高达 0.99，说明其在研究区的空间分布极为均匀，从图 6.2 也可以直观地看出。一级地貌空间分布多样性指数值次高的是黄土地貌，其面积和多样性值与流水地貌相比差距较大，其主要分布在研究区的西部。此外，黄土地貌和岩溶地貌在面积总量上有一定差别，但二者的空间分布多

样性值较为接近。

由表 6.4 可知，冲积平原的空间分布多样性值最高（0.94）、面积最大（85269.11 km^2）且图斑数量最多，是二级地貌分类中的优势地貌；12 个二级地貌中多样性值由大到小排序后前 6 个类型均属于流水地貌，这也在一定程度上说明流水地貌与研究区各自然要素有着更多的发生学影响与联系；黄土覆盖的中山空间分布多样性值最低（0.45）且面积最小（630.79 km^2），是二级地貌分类中的稀有地貌类型。

由表 6.5 可知，泛滥平坦地（所属二级地貌为冲积平原）空间分布多样性值最高（0.86）同时面积最大（35665.91 km^2），是三级地貌分类中的优势地貌类型；岩溶地貌中起伏中山（所属二级地貌是溶蚀侵蚀中山）多样性值最低（0.26）且面积最小（84.97 km^2），是该分类中的稀有地貌类型；37 个二级地貌中多样性值由大到小排序后前 12 个类型均属于流水地貌。

综上所述，流水地貌在研究区的分布中占主导优势，该地貌类型对于土壤的发育和形成有一定程度的影响作用。

6.2.4　土壤空间分布多样性特征

表 6.6～表 6.8 分别是河南省土类、亚类和土属在 3 km×3 km 网格尺度下的空间分布多样性，其均按照空间分布多样性指数值由大到小排序。

表 6.6　研究区土类空间分布多样性

土类名称	Y_h	面积（km^2）	图斑数量（个）
潮土	0.90	51707.69	1683
褐土	0.84	27647.05	1179
黄褐土	0.84	21837.48	867
粗骨土	0.81	15357.06	460
砂姜黑土	0.80	16064.89	580
水稻土	0.76	8802.04	449
石质土	0.72	5298.41	272
黄棕壤	0.68	3494.06	198
棕壤	0.68	5138.70	158
红黏土	0.67	3138.21	230
风沙土	0.60	1058.88	182
紫色土	0.55	798.86	68
新积土	0.45	249.43	11
碱土	0.40	97.56	24
盐土	0.24	24.59	5

表 6.7　研究区亚类空间分布多样性

亚类名称	Y_h	面积（km^2）	图斑数量（个）	亚类名称	Y_h	面积（km^2）	图斑数量（个）
潮土	0.87	38424.60	1028	砂姜黑土	0.77	11900.89	450
黄褐土	0.81	16158.87	530	褐土	0.72	6222.31	267
褐土性土	0.78	10150.17	549	灰潮土	0.72	4938.73	119
中性粗骨土	0.77	10895.54	242	石灰性褐土	0.72	6197.62	206

续表

亚类名称	Y_h	面积（km^2）	图斑数量（个）	亚类名称	Y_h	面积（km^2）	图斑数量（个）
潴育型水稻土	0.72	4457.97	155	漂洗型水稻土	0.61	1511.53	67
脱潮土	0.69	5100.41	155	草甸风沙土	0.60	1058.88	182
钙质粗骨土	0.67	3397.46	153	白浆化褐土	0.58	1237.16	46
中性石质土	0.67	3057.15	166	黄棕壤性土	0.58	1007.38	90
黄褐土性土	0.67	2433.42	181	积钙红黏土	0.58	981.86	86
石灰性砂姜黑土	0.67	4164.00	130	硅质粗骨土	0.57	1064.06	65
淹育型水稻土	0.66	2273.85	169	盐化潮土	0.57	906.63	100
潮褐土	0.65	3133.73	56	中性紫色土	0.55	798.86	68
黏盘黄褐土	0.65	2008.03	110	潜育型水稻土	0.55	558.69	58
黄棕壤	0.65	2486.68	108	灌淤潮土	0.54	644.15	64
红黏土	0.64	2156.35	144	湿潮土	0.49	348.61	35
棕壤性土	0.64	2978.41	85	新积土	0.45	249.43	11
钙质石质土	0.64	2241.27	106	草甸碱土	0.40	97.56	24
淋溶褐土	0.63	1943.21	101	白浆化棕壤	0.30	55.53	4
碱化潮土	0.62	1344.55	182	草甸盐土	0.24	24.59	5
棕壤	0.61	2104.77	69				

表 6.8　研究区土属空间分布多样性

土属名称	Y_h	面积（km^2）	图斑数量（个）	土属名称	Y_h	面积（km^2）	图斑数量（个）
两合土	0.79	11958.19	231	钙质石质土	0.64	2241.27	106
黄砂黄褐土	0.78	9466.01	247	黄砂褐土	0.63	2350.45	69
麻砂质粗骨土	0.76	10062.19	172	石灰性褐土	0.63	2189.95	74
淤土	0.75	8047.76	260	碱化潮土	0.62	1344.55	182
小两合土	0.75	8133.16	154	立黄土	0.62	2038.86	76
黄褐土	0.74	6319.85	255	麻砂质石质土	0.61	1640.50	77
覆盖砂姜黑土	0.74	6164.28	201	红褐土	0.61	1448.85	93
砂土	0.74	6645.76	147	砂姜黑土	0.61	1528.26	94
黄泥田	0.72	4250.13	148	麻砂质棕壤性土	0.60	2079.07	33
灰两合土	0.70	3748.00	72	麻砂质黄棕壤	0.60	1484.05	57
钙质粗骨土	0.67	3397.46	153	黄白泥田	0.60	1364.02	52
黄砂褐土性土	0.67	2507.72	107	红石灰性褐土	0.60	1446.97	62
黄土田	0.66	2121.49	159	砂砾黄褐土性土	0.59	1061.28	86
青黑土	0.66	2635.06	126	漂白砂姜黑土	0.59	1573.29	29
黄砂潮褐土	0.65	3096.93	53	砂砾褐土性土	0.59	1089.03	70
脱潮两合土	0.64	2914.09	46	腰砂两合土	0.59	1143.37	89
黄砂石灰性褐土	0.64	2398.74	55	黄砂黄褐土性土	0.59	892.64	60
红黏土	0.64	2153.94	143	钙质褐土性土	0.59	1247.01	80
覆盖灰砂姜黑土	0.64	2691.26	53	麻砂质棕壤	0.58	1521.96	36
红土性土	0.64	2127.74	116	白浆黄褐土	0.58	1237.16	46
黏盘黄褐土	0.64	1722.28	98	固定草甸风沙土	0.58	827.87	137

续表

土属名称	Y_h	面积（km^2）	图斑数量（个）	土属名称	Y_h	面积（km^2）	图斑数量（个）
灰红黏土	0.58	981.86	86	黄砂灰砂姜黑土	0.42	267.31	13
灰砂土	0.57	834.13	21	砂砾黄褐土	0.42	148.08	14
硅质粗骨土	0.57	1064.06	65	砂泥质棕壤性土	0.41	218.34	14
盐化潮土	0.57	906.63	100	暗矿质淋溶褐土	0.40	148.55	9
底黏脱潮砂土	0.57	1215.23	26	脱潮淤土	0.40	150.51	18
褐土性土	0.56	1202.91	37	草甸碱土	0.40	97.56	24
砂泥黄棕壤	0.56	987.59	49	黑泥田	0.40	190.58	6
麻砂质黄棕壤性土	0.55	731.39	57	硅质棕壤性土	0.40	183.62	14
硅质石质土	0.55	840.36	47	砂姜红土性土	0.39	146.65	10
黄砂潮土	0.54	885.47	22	砂姜红褐土	0.39	177.13	7
脱潮砂土	0.54	704.69	60	暗矿质棕壤	0.38	214.39	6
黄青泥	0.54	510.90	52	黑白泥田	0.38	147.50	15
灌淤潮土	0.54	644.15	64	砂泥质棕壤	0.38	150.32	10
腰砂淤土	0.53	628.28	57	砂砾褐土	0.37	113.56	13
砂泥质粗骨土	0.52	617.34	50	灰黄褐土	0.35	88.78	5
砂泥质石质土	0.52	556.26	40	砂姜立黄土	0.35	90.92	8
黑底潮土	0.52	655.60	39	黑土田	0.34	122.53	6
砂泥质褐土性土	0.52	528.08	45	泥质淋溶褐土	0.34	78.75	9
灰青黑土	0.51	585.01	37	硅质淋溶褐土	0.33	96.27	6
红砾淋溶褐土	0.51	701.40	23	砂砾石灰性褐土	0.33	88.18	7
灰砂姜黑土	0.50	620.41	27	硅质棕壤	0.33	91.52	7
中紫土	0.50	420.77	46	底黏砂土	0.32	83.70	5
硅质褐土性土	0.49	359.66	36	黄砂湿潮土	0.31	77.70	5
麻砂质褐土性土	0.49	484.14	23	钙质棕壤	0.31	66.26	7
砂砾淋溶褐土	0.48	425.14	13	砂姜黄褐土	0.31	82.64	5
暗矿质棕壤性土	0.48	456.17	17	堆垫褐土性土	0.30	45.90	8
壤砂湿潮土	0.47	270.91	30	白浆化棕壤	0.30	55.53	4
灰紫土	0.47	378.09	22	流动草甸风沙土	0.30	31.04	8
砂泥质黄棕壤性土	0.46	246.74	30	壤砂石灰性褐土	0.30	37.59	5
灰淤土	0.46	287.06	18	底砂灰两合土	0.29	40.85	5
暗矿质褐土性土	0.46	392.22		黄土棕壤	0.28	60.33	3
半固定草甸风砂土	0.45	199.97	37	腰砂脱潮两合土	0.28	90.93	1
灰冲积土	0.44	236.70	9	潮青泥	0.27	47.79	6
红盘黄褐土	0.44	285.74	12	钙质棕壤性土	0.27	39.95	5
钙质黄褐土性土	0.44	246.84	23	砂姜潮褐土	0.27	36.80	3
暗矿质粗骨土	0.44	216.01	20	钙质黄褐土	0.27	53.52	4
麻砂质淋溶褐土	0.43	250.08	13	腰砂脱潮淤土	0.25	24.95	4
钙质淋溶褐土	0.43	217.12	23	潮土田	0.25	29.84	4
底砂两合土	0.43	217.89	22	草甸盐土	0.24	24.59	5
黄褐土性土	0.43	232.66	12	淋溶褐土	0.24	25.89	5

续表

土属名称	Y_h	面积（km^2）	图斑数量（个）	土属名称	Y_h	面积（km^2）	图斑数量（个）
泥质石灰性褐土	0.23	23.46	1	砂砾潮土	0.13	6.05	1
腰黏灰砂土	0.23	28.70	3	暗矿质黄棕壤	0.11	6.51	1
暗矿质石质土	0.22	20.02	2	砂姜石灰性褐土	0.11	8.38	1
硅质黄棕壤性土	0.22	29.26	3	硅质黄棕壤	0.09	8.52	1
覆盖褐土性土	0.19	19.11	4	钙质石灰性褐土	0.08	4.37	1
冲积土	0.18	12.73	2	砾质红黏土	0.07	2.41	1
腰黏砂土	0.17	19.36	1	钙质褐土	0.04	2.54	1
潮泥田	0.14	17.26	1	棕壤性土	0.03	1.26	2

由表 6.6 可知，河南省的 15 个土类中，潮土的空间分布多样性指数值最高（0.90）、面积最大（51707.69 km^2），同时图斑数量最多，是研究区的优势土类，多样性值次高的是褐土和黄褐土；盐土的空间分布多样性指数值最低（0.24）、面积最小（24.59 km^2）且图斑数量最少，是河南省的稀有土类。

由表 6.7 可知，研究区 39 个亚类中潮土、黄褐土、褐土性土、中性粗骨土、砂姜黑土是河南省的主要亚类，其面积之和占河南省土壤亚类总面积的 54%以上；潮土的空间分布多样性指数值最高（0.87）、面积最大（38424.60km^2）且图斑数量最多，是河南省的优势亚类；草甸盐土的空间分布多样性指数值最低（0.24），同时其面积是河南省亚类中最小的（24.59 km^2），是河南省的稀有亚类。

表 6.8 可知，河南省的 138 个土属的斑块总数量是 6366 个，其中，两合土空间分布多样性指数值最高(0.90)，说明其在空间上的离散性程度最高，同时面积最大(11958.19 km^2)，是研究区的优势土属;棕壤性土的空间分布多样性指数值最低(0.03)、面积最小(1.26 km^2)，说明其在研究区的分布最少且离散性最差，是研究区的稀有土属类型。

综上所述，随着土壤分类级别从土类、亚类到土属，其优势土壤和稀有土壤类型的空间分布多样性与面积值呈下降趋势，这与土壤的分类体系和分支率有关。

6.2.5 地貌和土壤多样性的关联性

为探索地形和土壤在空间分布上的交互关系，计算一级地貌与土类、亚类和土属多样性间的关联系数，结果见表 6.9 和表 6.10。

表 6.9 不同土类与一级地貌分类的相关系数

土类类型	一级地貌		
	黄土地貌	流水地貌	岩溶地貌
新积土	0.14	0.62	0.17
棕壤	0.54	0.81	0.48
水稻土	—	0.87	—
潮土	0.46	0.95	0.42
盐土	—	0.40	—

续表

土类类型	一级地貌		
	黄土地貌	流水地貌	岩溶地貌
石质土	0.64	0.79	0.86
砂姜黑土	0.25	0.89	0.26
碱土	—	0.57	—
粗骨土	0.64	0.88	0.81
紫色土	0.46	0.69	0.50
红黏土	0.86	0.74	0.63
褐土	0.91	0.88	0.83
风沙土	0.21	0.76	—
黄棕壤	0.21	0.81	0.43
黄褐土	—	0.91	0.68

表 6.10　不同亚类、土属与一级地貌空间分布多样性的关联性

名称	相关（个）				不相关（个）	强相关	弱相关
	0.0～0.5	0.5～0.8	0.8～1	总计			
黄土地貌-亚类	12	6	4	22	17	石灰性褐土（0.89）	脱潮土（0.08）
流水地貌-亚类	2	29	8	39	0	潮土（0.94）	草甸盐土（0.08）
岩溶地貌-亚类	11	10	3	24	15	钙质石质土（0.90）	碱化潮土（0.09）
黄土地貌-土属	41	17	4	62	76	石灰性褐土和红土性土（0.86）	固定草甸风沙土（0.02）
流水地貌-土属	37	88	10	135	3	两合土（0.89）	钙质褐土（0.08）
岩溶地貌-土属	45	19	3	67	71	钙质石质土（0.90）	冲积土（0.01）

从表 6.9 可以看出：①所有土类与流水地貌都相关，且有 87%的关联系数大于 0.6，说明二者间关系复杂且有紧密联系。其中，相关性最强的是潮土（0.95），表明研究区内流水地貌更适宜潮土的发育，相关性最弱的是盐土（0.40），但盐土仅分布在流水地貌，黄土地貌和岩溶地貌上均无该土类。此外，碱土（0.57）和水稻土（0.87）也是仅分布在流水地貌上的土类类型，其与一级地貌中的其它类型不相关。②15 个土类中与黄土地貌、岩溶地貌相关的类型均有 11 个，相关性最强的分别是褐土（0.91）和石质土（0.86），相关性最弱的均为新积土（0.14 和 0.17）。③除水稻土、盐土、碱土、风沙土和黄褐土外，其它土类与黄土地貌、流水地貌和岩溶地貌均相关，且 70%的土类与流水地貌存在相关性。

考虑到亚类与一级地貌、土属与一级地貌的相关系数数据计算量大、表格内容过多，故对其相关系数的情况进行整理与归纳，结果见表 6.10。由表 6.10 可知，39 个亚类与不同一级地貌分类的相关性中，流水地貌与所有亚类均相关，且相关系数在 0.5～0.8 的居多，占总相关系数的 74%。56%的亚类与黄土地貌相关，且在所有相关的系数中，其值在 0.0～0.5 的居多。62%的亚类与岩溶地貌相关；138 个土属与不同的一级地貌分类中，99%的土属与流水地貌相关，且相关性值在 0.5～0.8 的居多，45%的土属与黄土地貌相关，相关性值多在 0.0～0.5，49%的土属与岩溶地貌相关。综上所述，地貌和土壤空间分布多样性之间存在紧密的相关关系，且以流水地貌与土壤多样性间的关系最为紧密。

综上所述，河南省有 3 个一级地貌、12 个二级地貌和 37 个三级地貌类型，且不同级别的优势地貌类型分别为流水地貌、冲积平原和泛滥平坦地，其空间分布多样性指数值和面积在同等级的分类中均最大。研究区的优势土类和亚类均是潮土，优势土属为两合土。随着地貌和土壤分类等级的细化，其分类个数和构成组分多样性值呈上升趋势，即所有分类单元在数量构成上的均匀度越来越高，且两个分类系统中，与地貌分类系统相比，土壤分类是更详细的分类体系，且分支率变化范围较大。

流水地貌与 15 个土类和 39 个亚类均相关，相关性最强的土类为潮土，说明该地貌类型适宜潮土的发育和形成，且 99%的土属也与流水地貌相关。15 个土类中与黄土地貌、岩溶地貌相关的均有 11 个，相关性最强的分别是褐土（0.91）和石质土（0.86）。亚类中有 56%以上的类型与黄土地貌和岩溶地貌相关，且在所有相关的系数中，其值在 0.0～0.5 的居多。45%以上的土属与黄土地貌和岩溶地貌相关。

地貌和土壤多样性间关系密切，尤以流水地貌与土类、亚类和土属多样性之间的相关性最强。本章和第 5 章一起将地形地貌要素加入土壤多样性的研究中，分别从不同的视角分析了地形地貌与土壤多样性间的格局特征与内在联系，这为第 6 章探索地表水体、土壤和地形多样性间的格局提供数据支持并打下理论基础。同时，其又推动土壤多样性向地多样性研究向前迈进了一步，也为更多地学要素（如植被和母质等）空间分布特征的定量化表达提供了一种新的思路。

第 7 章　水、土与地形多样性格局特征

土壤是岩石圈、大气圈、水圈及生物圈相互作用的产物，由于土壤圈是一个处于运动之中的开放系统，它与其它圈层间的物质和能量转换复杂而密切，所以它的任何变化均会对各圈层的演化与发展乃至全球变化产生冲击作用（龚子同等，2015）。水分循环在土壤形成过程中是不可缺少的要素之一（段金龙和张学雷，2012a，2012b；任圆圆和张学雷，2014），且本书第 4 章指出，水土资源要素的多样性关系密切。目前，中国乃至世界各地地表水体和土壤资源的分布在时间和空间上均呈现不同程度的差异性和不均衡性，地形在其匹配程度和地区农业发展中起着重要的作用（龚子同，1999；Ibáñez，2014；段金龙和张学雷，2013）。因此，探讨水、土与地形要素多样性的格局特征对了解该领域的资源现状并开展其它相关研究来说是十分有必要的。

土壤和地表水体多样性的关系见第 4 章，土壤和地形地貌要素的多样性分析见第 5 章和第 6 章，而地形和地表水体多样性要素间的关系，在国内外的相关研究中还较少。在此基础之上，本章选取河南省作为研究样区并运用改进的仙农熵指数在 1 km×1 km 网格尺度下定量描述 3 个要素的空间分布格局。鉴于研究需要，本章选择大尺度控制下的省域地形类别，并运用空间分布面积指数表征土壤和地形要素多样性，用空间分布长度指数表征地表水体多样性。

需说明的是，因 3 个要素的分类体系不同，将河南省划分为 6 个面积相近的次级研究区，以便探索地形与地表水体、土壤与地表水体多样性等的分布特征。

7.1　材料与方法

7.1.1　数据来源与处理

土壤数据来自全国第二次土壤普查（河南省土肥站），地形数据的来源和处理与 5.2.1 节数据来源与处理中地形的分类方法保持一致，地表水体数据来自对河南省 DEM 数据的处理。

运用 ArcGIS10.0 的水文分析模块（hydrology）提取河网的步骤为：①无洼地 DEM 生成。洼地填充是一个不断反复的过程，直到 DEM 数据中的洼地全部被填平，并不再产生新的洼地为止。利用水流方向计算出 DEM 数据的洼地区域和深度，并据此设定洼地填充的阈值（河南省的介于 20～2384m）。②计算汇流累积量。无洼地 DEM 数据生成后，依据其水流方向计算河南省的河流汇流累积量，根据研究需要，将地表水体阈值设置为大于 50000 m，并利用栅格计算器（raster calculator）提取河网。其中，地表水体阈值的设置是与河南省地图中的水系进行比较后确定的，提取后的情况如图 7.1 所示。③矢

量化。用栅格河网矢量化工具（raster river network vectorization tool→stream to feature）得到研究区水系分布图。

以河南省的地形分类与地表水体矢量数据为基础，对不同要素的特征进行分析的步骤如下：①计算地形和土壤要素的空间分布多样性及二者间的相关系数。②根据研究的需要，将河南省划分为6个面积相近的次级研究区，以便探索地形、土壤构成组分多样性与地表水体多样性间的特征。③对土壤构成组分多样性与地形丰富度间的相关关系进行探索。

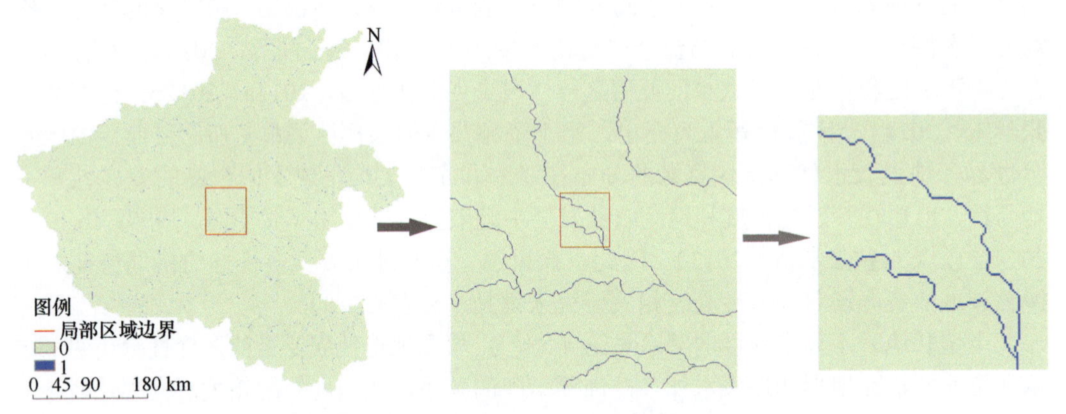

图 7.1　河南省阈值为 50000 时的栅格河网图

图例中数字 1 代表地表水体的栅格数据，数字 0 代表研究区内除了地表水体外的其它所有的栅格数据

7.1.2　研 究 方 法

（1）空间分布面积指数。其与 2.3.3 节土壤和地形地貌多样性中的式（2.3）保持一致，其主要用来衡量地形、土壤的构成组分多样性和空间分布离散性。

（2）空间分布长度指数。其与 2.3.4 节地表水体多样性中的式（2.6）保持一致，其用来表征地表水体的空间分布离散性。

（3）关联分析。其与 6.1.2 节关联分析方法保持一致，主要分析平原、丘陵、山地和盆地与土类空间分布多样性的特征与相关性。其中，主要地形和土类的空间分布多样性运用式（2.10）和式（2.11）计算，二者间的公共斑块多样性运用式（2.12）计算，最后带入式（2.9）得出最终的关联系数。

7.2　地形、土壤与地表水体多样性特征

7.2.1　地形和土类空间分布多样性间的关联性

1. 地形空间分布多样性

本章研究区地形分类结果与 5.3.1 节基于 DEM 的地形分类结果保持一致，4 种地形的基本情况见表 7.1。由表 7.1 可知，河南省面积最大、地形空间分布离散性（多样性指

数 0.96）最好和图斑个数（4608 个）最多的地形类别是平原，然后依次是丘陵、山地和盆地。

表 7.1　河南省地形概况

地形类型	面积比例（%）	多样性指数	图斑个数（个）
平原	60.30	0.96	4608
丘陵	16.70	0.86	3160
山地	15.40	0.85	2148
盆地	7.50	0.78	721

2. 土壤空间分布多样性

在 1 km×1 km 网格尺度下运用式（2.3）（2.3.3 节土壤和地形地貌多样性）计算河南省各个土类的空间分布多样性，并将 15 个土类按照空间分布多样性指数值降序排列，结果见表 7.2。由表 7.2 可知，空间分布多样性指数值最高且面积最大的土类是潮土，次高的是褐土。反过来，空间分布多样性指数值最低且面积最小的土类是盐土和碱土。

表 7.2　河南省土壤（土类级别）空间分布多样性

土类类型	土壤空间分布多样性（Y_h）	面积（km^2）
潮土	0.908	51843
褐土	0.861	27820
黄褐土	0.850	21842
粗骨土	0.823	15503
砂姜黑土	0.818	16080
水稻土	0.785	8842
石质土	0.745	5466
棕壤	0.726	5253
黄棕壤	0.712	3543
红黏土	0.698	3138
风沙土	0.622	1060
紫色土	0.590	800.8
新积土	0.491	232.1
碱土	0.432	98.59
盐土	0.310	24.59

3. 地形和土壤空间分布多样性间的关联性

探索地形和土类在空间分布上的特征与交互关系，结果见表 7.3。由表 7.3 可知：

（1）总体来看，河南省区域内除了新积土、棕壤和盆地，盐土与丘陵，砂姜黑土与山地，碱土与丘陵、山地、盆地，风沙土与盆地无公共斑块外，其它的土类类型与平原、丘陵、山地和盆地间均存在着相关性。统计可知，76%以上的相关系数的值在 0.5 以上，即它们在空间上的相关性较强，存在密切的相关关系。

（2）河南省的土类与平原、丘陵、山地和盆地的相关系数分别有 15 个、13 个、12 个和 10 个，表明所有的土类与平原均相关且相关性最强、最稳定。

（3）平原和潮土空间多样性间的相关系数高达 0.968，说明二者间的关系密切且复杂，在空间分布上存在较多的公共斑块，相互之间有更多的关联性。相反，盆地和石质土空间分布多样性的相关系数为 0.204，表明它们之间在空间上的公共斑块少，相关性弱。此外，当两个要素之间仅有一个公共斑块时，其关联系数是 0，如盆地和紫色土。

综上所述，从多样性的角度进行分析可知，河南省的 4 种地形类别与土类有密切的相关关系，与丘陵、山地和盆地相比，河南省的平原更适合土壤的发育。

表 7.3　研究区不同地形与土类空间分布多样性的关联性

土类类型	地形			
	平原	丘陵	山地	盆地
新积土	0.661	0.492	0.064	—
棕壤	0.259	0.441	0.920	—
水稻土	0.890	0.760	0.524	0.293
潮土	0.968	0.654	0.381	0.742
盐土	0.488	—	—	—
石质土	0.762	0.871	0.805	0.204
砂姜黑土	0.892	0.490	—	0.876
碱土	0.621	—	—	—
粗骨土	0.752	0.914	0.906	0.576
紫色土	0.550	0.763	0.685	0.000
红黏土	0.593	0.828	0.817	0.466
褐土	0.841	0.911	0.900	0.674
风沙土	0.786	0.349	0.198	—
黄棕壤	0.761	0.803	0.810	0.424
黄褐土	0.892	0.823	0.663	0.903

7.2.2　地形构成组分多样性和地表水体多样性特征

如图 7.2 所示，将河南省划分为 6 个面积相近的次级研究区的主要依据是综合考虑省域内的生态环境条件、社会发展状况、地理位置和土地利用的区域差异性等。其中，豫北样区主要包括安阳市、濮阳市、鹤壁市、新乡市、焦作市和济源市；豫中样区包括郑州市、漯河市、许昌市和平顶山市；豫东南样区包括信阳市和驻马店市；豫西南样区为南阳市；豫东样区包括商丘市、开封市和周口市；豫西样区包括三门峡市和洛阳市。

图 7.2（a）为 6 个次级研究区与地形分类叠置图，反映出不同分区内地形类型在空间上的分布情况；图 7.2（b）为 6 个次级研究区与地表水体叠置图，反映出不同分区内地表水体在空间上的分布情况。其中，北部、中部、东部和东南部样区均以平原为主，主干水系发达分叉较多，且河南省内水系发育最为密集的区域是东部样区和东南部样

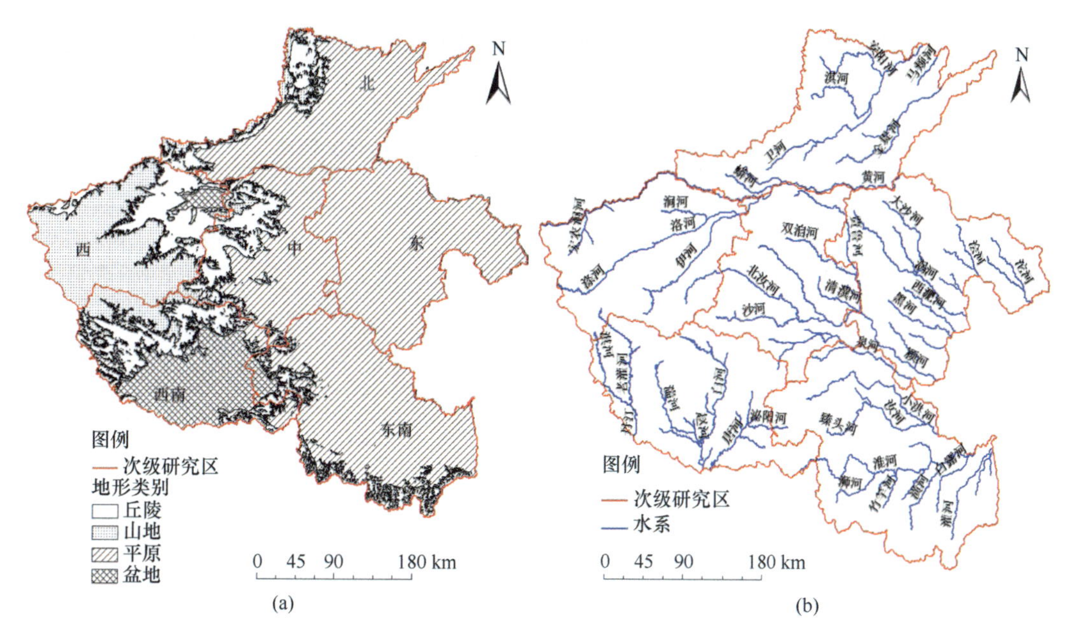

图 7.2　6 个次级研究区的地形和地表水体分布

区。对西部样区来讲，其地形以山地为主，水系发育单一且河流分叉少。在西南部样区，其地形以盆地（南阳盆地）和丘陵为主，主要水系自盆地周边丘陵区发育经由南阳盆地汇集后流入丹江口水库。

在 1 km×1 km 网格尺度下分别对 6 个不同次级研究区的地形构成组分多样性[式（2.3）] 和地表水体空间分布多样性［式（2.6）］进行计算，结果见表 7.4。由表 7.4 可知：

（1）就不同分区地形类别而言，北部、中部、东南部和东部样区均以平原为主，西南部和西部分别以盆地和山地为主，且地形类别个数与地形构成组分多样间存在线性相关，函数关系为 $y=3.106x+1.731$，决定系数 R^2 为 0.616。

（2）就地形构成组分多样性而言，6 个分区内东部区域地形构成组分多样性值为 0，平原在该区域内占绝对支配地位。西南部样区的该指数值高达 0.926，高于其它 5 个分区，说明该样区内地形类别在数量构成上的均匀程度是最高的。

（3）就地表水体空间分布多样性而言，在 6 个研究样区中，东南部的线状水体长度值和 MSHDLI 指数值均最大，而西部的线状水体长度值和 MSHDLI 指数值均最小，表明 MSHDLI 指数值的变化趋势与线状水体长度的变化趋势保持一致，且对拟合函数分析可知，二者之间存在一定的正相关关系，拟合函数为 $y=14279x-87.7$，决定系数 R^2 为 0.788。此外，6 个分区 MSHDLI 指数值按照降序排列依次为东南部（0.708）、东部（0.706）、西南部（0.702）、中部（0.700）、北部（0.700）和西部（0.668）。

（4）就 MSHDLI 指数值与地形丰富度而言，东部和东南部样区均以平原为主，MSHDLI 指数值高，水系发育越好。而西部样区地形复杂且以山地为主，MSHDLI 指数值最小，水系发育较简单。

（5）对地形构成组分多样性与地表水体多样性进行线性函数拟合可知，二者无显着的线性关系，R^2 为 0.062，即呈极弱相关。

表 7.4　不同研究区地形和地表水体空间分布多样性

分区	地形					地表水体	
	地形构成组分多样性（Y_h）	面积（km^2）	丰富度	类别	面积百分比（%）	MSHDLI	长度（km）
西南部	0.926	26456	4	盆地	42.15	0.702	1262
				丘陵	28.4		
				山地	16.75		
				平原	12.7		
北部	0.607	27844	3	平原	78.1	0.700	1272
				丘陵	14.36		
				山地	7.54		
中部	0.588	23189	4	平原	67.74	0.700	1125
				丘陵	25.22		
				山地	6.59		
				盆地	0.45		
西部	0.586	25143	4	山地	67.62	0.668	864
				丘陵	26.89		
				盆地	3.6		
				平原	1.89		
东南部	0.388	34003	4	平原	85.21	0.708	1569
				丘陵	10.45		
				盆地	2.66		
				山地	1.68		
东部	0	29097	1	平原	100	0.706	1361

7.2.3　土壤构成组分多样性特征及其与地表水体多样性的关系

不同分区下的土类构成组分多样性见表 7.5，不同土类占本分区土壤总面积的比例情况如图 7.3 所示。由表 7.5、图 7.3 可知，不同次级样区内土壤构成组分多样性空间分布格局特征如下。

（1）东部和东南部样区均以平原为主，两个样区的土壤丰富度指数相近（9 和 10），但其土类构成组分多样性值呈现出明显的差异：东部样区中潮土的面积占区域土壤总面积的 87.89%，其它土类的分布比例很小，与潮土比例存在较大的差异，其土类构成组分多样性值最低，仅有 0.195。而东南部样区各个土类之间的面积比例相对来说较均匀，且以黄褐土、水稻土和砂姜黑土为主，其面积百分比分别为 28.14%、24.79%和 20.44%［图 7.3（a）］，其土类构成组分多样性值最高，为 0.769。

（2）在 6 个次级样区中，中部和西部样区的土类构成组分多样性居中但又有些微差别。二者土类丰富度指数均为 13，不同之处是西部样区以褐土为主，面积比例为 50.44%，该区域内的其它土类所占比例较小［图 7.3（d)］，而中部样区则以褐土和潮土两种土类为主，面积比例分别为 41.15%和 24.41%，比西部样区各个土类的面积比例在该分区内略为均匀。西部和中部样区的土类构成组分多样性值分别为 0.586 和 0.64。

（3）计算每个次级样区内不同土类间面积比例的平均变化量，并将其与土类构成组分多样性进行拟合函数分析，结果如图 7.4 所示。由图 7.4 可知，二者之间存在显着的线性相关关系，拟合函数为 $y = -14.324x + 13.131, R^2 = 0.94$。

表 7.5　不同分区土类构成组分多样性

分区	土类构成组分多样性（Y_h）	面积（km^2）	土类丰富度指数
东南部	0.769	33106	10
西南部	0.667	25864	11
中部	0.640	22426	13
西部	0.586	24747	13
北部	0.477	26874	12
东部	0.195	28530	9

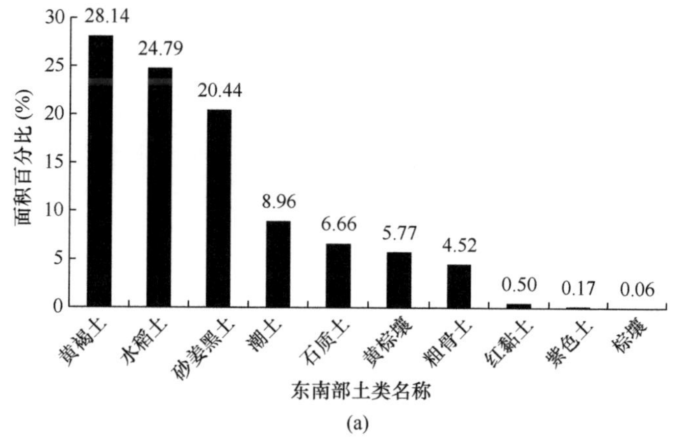

(a)

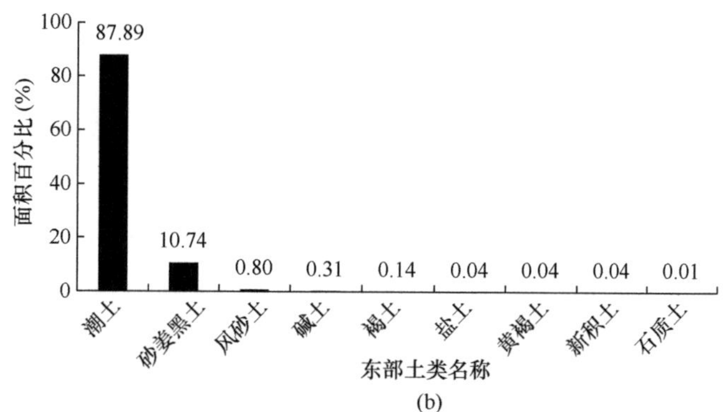

(b)

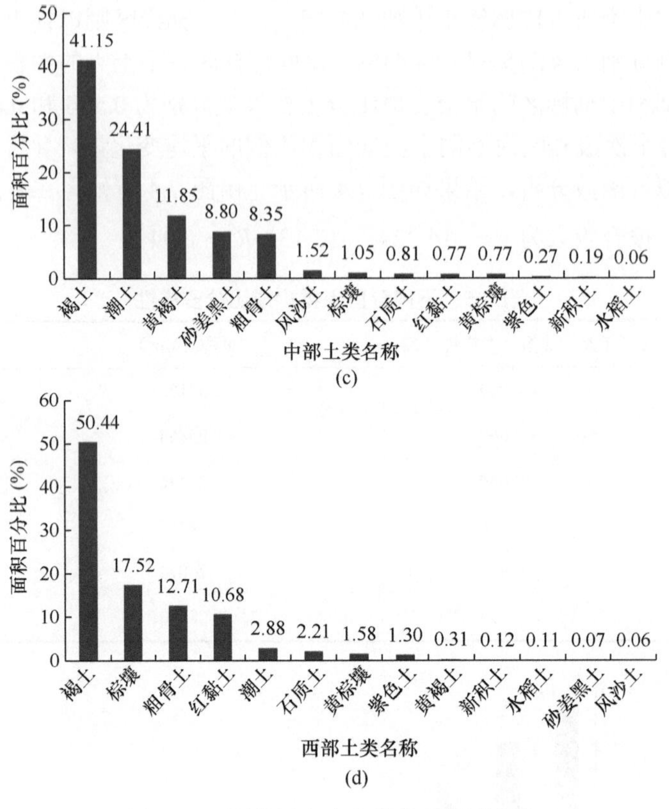

图 7.3 不同分区各个土类的面积百分比

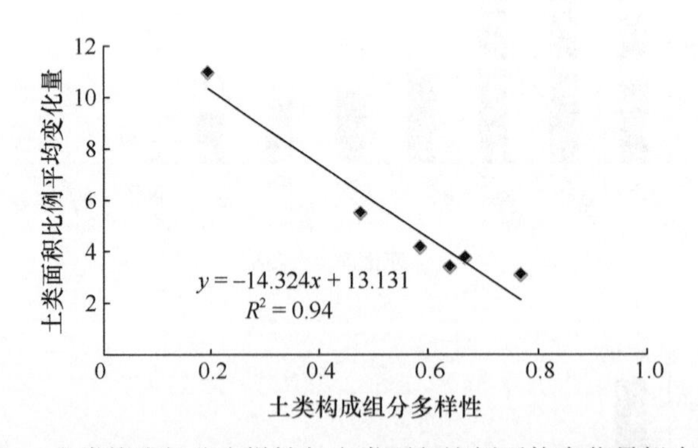

图 7.4 土类构成组分多样性与土类面积比例平均变化量拟合函数

综上所述，在样区面积相近的情况下，不同样区内的土类丰富度指数、各土类总面积和各土类面积之间的变化量均会对土类构成组分多样性的值产生影响。土类构成组分多样性值的大小主要取决于不同土类间面积大小的均衡程度，即土类构成组分多样性与土类面积比例平均变化量之间存在显着的负相关关系。

地表水体多样性与土类构成组分多样性的拟合函数表明，二者之间并没有明显的线性相关关系，决定系数 R^2 为 0.027。这一结论与地表水体多样性和地形构成组分多样性间的推论一致。总结起来，即面状要素的构成组分多样性与线状要素的构成组分多样性间无显着的线性相关关系。

此外，对地形丰富度（表 7.4）与土类构成组分多样性（表 7.5）的线性拟合函数进行分析可知，二者之间存在显着的正相关关系，如图 7.5 所示，决定系数 R^2 为 0.909。

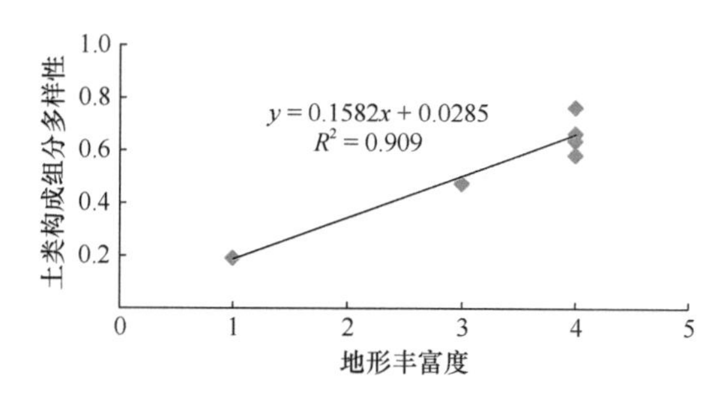

图 7.5　地形丰富度与土类构成组分多样性之间的拟合函数

综上所述，除了个别无公共斑块的情况外，河南省土壤（土类级别）与地形多样性间相关性强，76%以上的相关系数值大于 0.5。地形构成组分多样性与地表水体空间分布多样性发生关系清楚，东部样区以平原为主，水系发育程度高，而以山地为主的西部样区地形复杂，水系发育简单。土类构成组分多样性与地形丰富度之间呈显着的正线性相关关系，且在样区面积相近的情况下，土类构成组分多样性值的大小主要取决于不同土类间面积大小的均衡程度，二者呈负线性相关关系。总之，地形、土壤和地表水体三要素多样性格局关系密切，唯面状的地形、土壤构成组分多样性指数与线状的地表水体多样性指数间没有显着的线性相关性。

本章主要将河南省划分为 6 个面积相近的次级研究区，以便对土壤、地形构成组分多样性与地表水体构成组分多样性间的特征进行分析。在下一步的研究中，尝试获取河南省的面状地表水体数据，并对不同自然要素的分类体系给予更多、更深入的研究，为直接进行多要素多样性的特征与关联分析做准备。

第8章　不同坡度下水土和土地利用多样性的特征

起源于信息论领域的多样性概念目前已被广泛应用于土壤多样性的计算与研究中（段金龙和张学雷，2011），其普遍性不仅涉及水土、地形等自然要素，同时还包括人类活动所形成的土地利用类型等人为要素。在众多地学要素中，坡度作为地形因素的一个方面，不仅参与成土过程，影响土壤类型的空间分布；而且还是影响人类活动与生产的重要环境因子，交通运输与城镇建设等城镇化进程都受到坡度的影响（陈业裕和黄昌发，1994）。因此，以坡度为基础，将土壤、地表水体、土地利用等地学要素联系起来，从多样性的角度探索坡度与不同地学要素间的相关关系具有重要的生态环境意义。

此前国内外学者在土壤多样性方面进行了较多研究，本章借鉴土壤多样性理论与方法，在以往国内外学者所研究的地表水体、地形、土壤多样性分析（Ibáñez et al.，1990，1994；檀满枝等，2003；任圆圆和张学雷，2017a，2017b；段金龙和张学雷，2012a，2012b）的基础上，引入坡度这一地学要素，针对不同形态研究对象使用不同的仙农熵变形公式（任圆圆和张学雷，2014，2015a，2015b，2017a，2017b），在空间网格分异尺度下探索坡度的空间分布多样性特征及其对水土、土地利用等其他地学要素空间分布的影响，研究坡度与各地学要素间复杂异质性相互关系的科学表达，同时从新的角度探索经典土壤发生学理论中与土壤联系紧密的各主要地学要素间的内涵关系。

8.1　材料与方法

8.1.1　研究区概况

伊洛河（位于 109°35′E～113°06′E、33°33′N～35°05′N）是一个典型的双子河（王兵和臧玲，2007），主要由洛河和伊河组成，流域地形地貌以山地、丘陵为主，平原地区主要分布在两河下游，具有明显的过渡性气候特征，夏秋季节炎热多雨，春冬季节寒冷干旱，属于暖温带大陆性季风气候（王万同和钱乐祥，2012），地带性土壤为褐土，低洼地区分布有少量砂姜黑土（邱士可和鲁鹏，2013）。此外，伊洛河流域山地丘陵广泛分布，造成坡度变化复杂多样，其极大地影响了流域的开发与可持续发展，流域内经济水平及城镇化发展呈现下游较高而中上游较低的格局。选取流域内自然条件与经济发展各异的8个典型县域作为研究区，分别是：卢氏县、洛宁县、栾川县、宜阳县、嵩县、洛阳市区、伊川县和偃师市。图8.1为研究区行政区划与地学要素分布网格样区图。

图 8.1　研究区行政区划与地学要素分布网格样区图

8.1.2　数据来源与处理

研究所用坡度数据提取于地理空间数据云 30m 分辨率的数字高程模型，土壤数据来自全国第二次土壤普查河南省数字化土壤图，地表水体及土地利用数据来自美国陆地卫星 Landsat-8 OLI 传感器 2016 年的遥感影像。首先，利用 ArcGIS10.0 软件三维表面分析工具提取 DEM 中的坡度信息，根据坡度在土壤侵蚀特征上表现出的差异性，采用临界坡度分级法（汤国安和宋佳，2006）对研究区坡度进行分级。使用 ENVI 软件对不同波段遥感数据进行假彩色合成，将遥感影像 15m 空间分辨率的全色波段数据与假彩色合成数据进行融合，提高影像的空间分辨率，然后进行遥感影像目视解译监督分类，划分出研究区内的地表水体，以及典型城镇化土地利用地类型——交通运输用地和城镇建设用地，在 ArcGIS10.0 软件中提取交通运输用地道路中心线，构建路网模型。将各项数据与 2km×2km 网格叠加，计算研究区坡度、地表水体、土壤、典型土地利用类型的空间分布多样性，利用各指数间的关联分析探索坡度与不同地学要素在空间分布上的相关性。

8.1.3　研 究 方 法

1. 变形仙农熵多样性指数

（1）空间分布面积指数。为表达不同形态（面状、线状）研究对象的空间分布多样性，需使用不同变形形式的仙农熵多样性指数，本章研究中地表水体不仅包括伊洛河等线状水系，同时也包括嵩县陆浑水库等面状水体，数据处理过程中无法提取到面状水系的水体中心线，故采用空间分布面积指数来描述地表水体的空间分布多样性，其公式与 2.3.4 节地表水体多样性中的式（2.5）保持一致。

（2）空间分布长度指数。对于交通运输用地线状空间分布地物，需提取道路中心线构建路网模型，使用空间分布长度指数表现其空间分布多样性特征。其公式与 2.3.4 地表水体多样性中的式（2.6）保持一致。其计算值越接近 1，说明该研究区内交通运输用地道路中心线数量越多，空间分布越均匀，交通发展通达性越合理。

2. 相关分析

对于不同研究对象，使用不同的关联分析方法进行相关性研究。

（1）互熵关联分析。研究利用信息论中互熵的概念确定坡度与水土资源多样性间的相关关系，通过计算不同地学要素及其共同斑块的多样性指数比，评价两种要素间的相关关系（段金龙和张学雷，2011；Yabuki et al.，2009）。其应用的公式与2.3.6节资源分布的关联性中的式（2.12）和式（2.9）相同，式（2.12）计算的是坡度与地学要素公共斑块的空间分布多样性，由式（2.9）所得的关联系数的取值范围为[0,1]，随着坡度与水土等地学要素在空间分布上相互重叠部分的增多，要素间的相关性增强，关联系数值趋近于1。

（2）偏相关分析。对于交通运输用地道路中心线而言，无法计算其与坡度的共同斑块，因此选择SPSS相关分析计算坡度与土地利用间的相关性。然而，简单相关系数研究的是两变量间的线性相关性，若还存在其他影响因素时，夸大变量间的相关性往往不是其线性相关性强弱的真实体现，因此需要在控制其他变量线性影响的条件下分析两变量间的线性关系（龙永红，2009），当仅控制一组变量时，其一阶偏相关系数计算公式如下：

$$r_{y1,2} = \frac{r_{y1} - r_{y2} r_{12}}{\sqrt{\left(1 - {r_{y2}}^2\right)\left(1 - {r_{12}}^2\right)}} \tag{8.1}$$

式中，三组变量分别为y、x_1和x_2，在分析x_1和y之间的净相关时，需控制x_2的线性作用，r_{y1}、r_{y2}、r_{12}分别为y和x_1、y和x_2、x_1和x_2的简单相关系数，利用式（8.2）进行计算：

$$r_{x,y} = \frac{\sum_{i=1}^{n}\left(x_i - \overline{x}\right)\left(y_i - \overline{y}\right)}{\sqrt{\sum_{i=1}^{n}\left(x_i - \overline{x}\right)^2 \sum_{i=1}^{n}\left(y_i - \overline{y}\right)^2}} \tag{8.2}$$

8.2 不同坡度与地表水体、土壤和土地利用多样性的关系

8.2.1 坡度与地表水体空间分布多样性间相关关系

1. 坡度空间分布多样性

针对伊洛河流域坡度特征的复杂性及其在土壤类型分布所表现出的差异性，采用临界坡度分级法将坡度信息分为6个等级，其中3°、8°、15°、25°、35°分别是无、轻度、中度、强度、剧烈土壤侵蚀的临界坡度（汤国安和宋佳，2006）。图8.2为研究区坡度与地表水体的空间分布情况，以0°～3°坡度等级的网格样区为例［图8.2（a）］说明空间分布面积指数计算过程，其他面状地学要素多样性计算过程与此一致。图8.2（a）表示每个网格的Id号及该网格内0°～3°坡度的面积，研究区0°～3°坡度等级空间分布多样

性计算过程如下：

$$p_i = \frac{\text{第}i\text{个网格内 }0°\sim3°\text{ 坡度等级面积}}{\text{研究区 }0°\sim3°\text{ 坡度等级总面积}}$$

$$\cdots$$

$$p_{3226} = \frac{2.80}{4008.479} = 0.00070$$

$$p_{3227} = \frac{4.00}{4008.479} = 0.00100$$

$$p_{3228} = \frac{2.10}{4008.479} = 0.00053$$

$$\cdots$$

$$S = 4165$$

将数据代入式（2.5）得

$$Y_h = 0.855$$

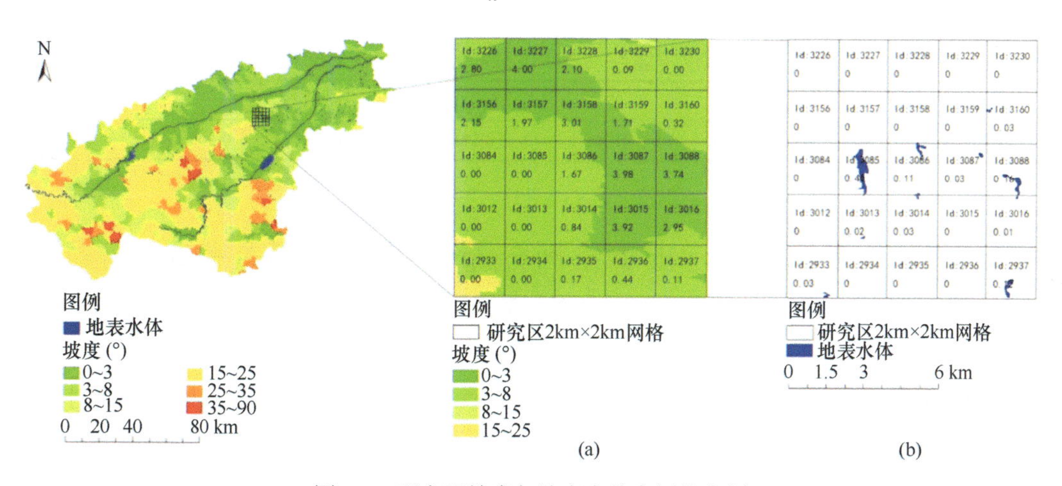

图 8.2　研究区坡度与地表水体空间分布图

由图 8.2 和表 8.1 可知，研究区坡度类型主要分布在 0°～3°和 15°～25°两个等级，其中 15°～25°坡度是研究区内面积最大、空间分布多样性指数最高的坡度等级，主要分布在流域中上游的山地、丘陵地区。研究区 25°以上坡度等级分布较少，但 25°以下各等级坡度多样性指数值高，地形坡度类别构成复杂且空间分布均匀。

表 8.1　研究区坡度空间分布多样性

坡度（°）	面积（km^2）	空间分布多样性指数
0～3	4008.479	0.855
3～8	3187.752	0.840
8～15	2462.095	0.806
15～25	4985.923	0.877
25～35	743.466	0.677
35～90	174.464	0.509

2. 坡度与地表水体多样性间的相关关系

将地表水体作为单一地学要素［图 8.2（b）］，计算研究区地表水体空间分布多样性指数为 0.640，利用互熵关联分析法研究坡度与地表水体空间分布多样性间的相关关系（表 8.2），相关关系指数值越大，说明坡度与地表水体在空间上的相互重叠程度越高，反之越低。除 35°坡度等级以上地区没有地表水体分布外，其余坡度等级均分布有地表水体，其中 25°～35°坡度与地表水体间相关关系指数值小于 0.5，地表水体与该坡度等级相关性弱。由相关关系指数值可知，研究区内地表水体主要分布在 8°以下低坡度等级上，坡度与地表水体间的相关关系强，随着坡度的增大，地表水体与坡度空间分布多样性指数间的相关关系逐渐减小。另外，在 15°～25°坡度范围内，相关关系指数值有所回升，说明该坡度范围内水系发育较多，该坡度等级在研究区内面积最大且空间分布多样性指数最高，地形地貌以山地、丘陵为主，相对于其他坡度较大的区域，15°～25°坡度区域多伴有山谷而易形成径流，是汇集流域各支流的主要发源地，因此地表水体与该坡度等级间的相关关系指数值较高。

表 8.2 不同坡度等级与地表水体空间分布多样性间的相关关系

坡度（°）	0～3	3～8	8～15	15～25	25～35	35～90
空间分布多样性指数	0.789	0.703	0.588	0.639	0.361	—

8.2.2 坡度与土壤空间分布多样性间相关关系

1. 土壤空间分布多样性

图 8.3 以研究区褐土土类为例，利用式（2.5）计算研究区各土壤土类及亚类的空间分布多样性指数，并按照指数值从大到小排列（表 8.3）。其中，褐土土类的空间分布

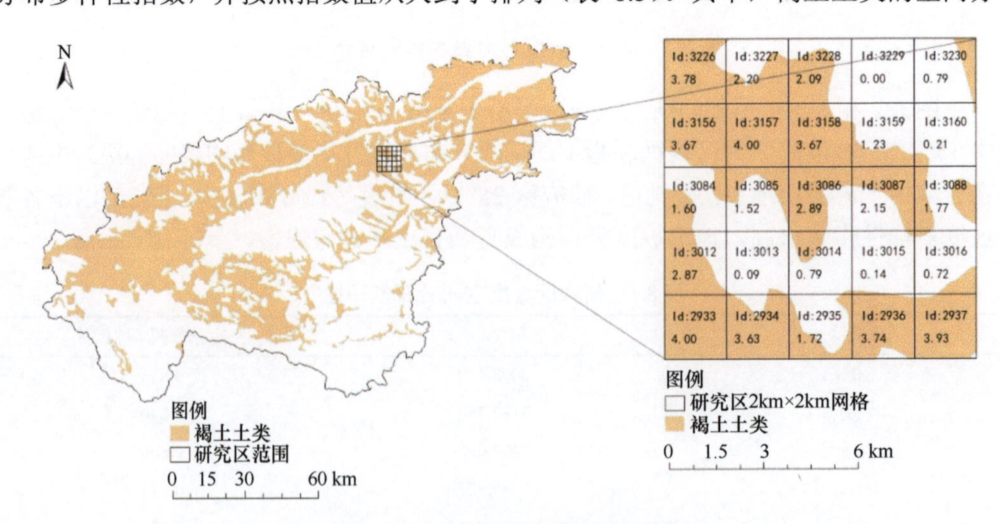

图 8.3 研究区褐土土类空间分布图

表 8.3　研究区土壤信息和空间分布多样性

土类类型	多样性	面积（km^2）	亚类类型	空间分布多样性指数	面积（km^2）
褐土	0.929	7045.358	褐土性土	0.850	2940.464
			褐土	0.775	1508.402
			石灰性褐土	0.772	1586.879
			淋溶褐土	0.680	642.499
			潮褐土	0.614	367.113
棕壤	0.853	3792.787	棕壤性土	0.815	2526.914
			棕壤	0.745	1226.681
			白浆化棕壤	0.389	39.192
粗骨土	0.800	1956.312	中性粗骨土	0.772	1555.272
			钙质粗骨土	0.610	346.607
			硅质粗骨土	0.428	54.433
红黏土	0.782	1465.454	红黏土	0.731	860.788
			积钙红黏土	0.693	604.666
潮土	0.652	560.188	潮土	0.642	516.299
			湿潮土	0.397	39.397
			灰潮土	0.177	4.401
			灌淤潮土	0.044	0.091
黄棕壤	0.591	374.694	黄棕壤	0.535	216.469
			黄棕壤性土	0.500	158.224
紫色土	0.541	179.309	中性紫色土	0.541	179.309
黄褐土	0.478	77.746	黄褐土	0.478	77.746
石质土	0.420	48.133	中性石质土	0.410	45.218
			钙质石质土	0.119	2.916
水稻土	0.340	27.592	潜育型水稻土	0.340	27.592
砂姜黑土	0.107	3.241	石灰性砂姜黑土	0.107	3.241

多样性指数值最高，由于研究区内褐土的成土母质非常复杂，包括山丘区中性岩的残积物、山前第四系全新统黏土洪积–冲积物、石灰质岩类残积物和坡积物以及黄土状母质（河南省土壤普查办公室，2004），因此褐土的分布面积最大，在空间分布上跨越的坡度等级多。其次分布较多的是棕壤和粗骨土，同样由于研究区 8°以上较高坡度等级空间分布面积大且离散性高，地貌类型复杂，因此其适宜于棕壤、粗骨土等山丘土壤类型的发生与分布。在亚类等级中，褐土性土、棕壤性土、中性粗骨土分别是前三个土类所属亚类中空间分布多样性指数值最高的。另外，水稻土和砂姜黑土是空间分布多样性指数值最低且面积最小的两个土类，二者在研究区内土壤亚类类型分布单一，分别只有潜育型水稻土和石灰性砂姜黑土亚类，潮土主要集中分布在伊洛河下游两岸的局部地区，但分布面积小。

2. 坡度与土壤多样性间的相关关系

用式（2.9）计算坡度与土壤在空间分布上的相关关系，按照表 8.3 中土类的排列顺序分别进行计算，得出不同坡度等级与土类空间分布多样性间的相关关系（表 8.4）。①除水稻土、砂姜黑土仅与 0°～3°坡度等级间具有相关性外，其余土类与大部分坡度等级均具有相关性，其中 75%以上的相关系数大于 0.50，说明坡度与土壤空间分布间的相关性强。②除砂姜黑土外，其余土类与各坡度等级间最大相关系数均大于 0.50，各土类与其对应的某些坡度等级密切相关。砂姜黑土在研究区内分布面积很少，空间分布多样性指数值低，因此其仅分布的 0°～3°坡度等级的相关系数低。③对于 6 个坡度等级而言，3°～8°坡度等级与大多数土类间具有相关性，且 88%以上的相关性系数大于 0.50，其次是 0°～3°和 15°～25°坡度等级，35°～90°坡度等级上分布的土壤类型最少且相关系数低，说明研究区中 3°～8°坡度等级与土壤类型间的相关性最强且最稳定，而 35°～90°坡度等级与土壤类型间的相关性最弱。④坡度与土壤间相关关系最强及最弱处均分布在 0°～3°坡度等级上，分别是 0°～3°坡度等级与褐土（关联系数为 0.927）以及 0°～3°坡度等级与砂姜黑土（关联系数为 0.222），在 0°～3°低坡度等级上，由洪积–冲积物、石灰质岩类残坡积物以及黄土状母质发育形成的褐土分布广且均匀，因此相关性强，而该坡度等级与砂姜黑土公共斑块分布面积少且极不均匀，因此相关性弱。

表 8.4　不同坡度等级与土类空间分布多样性间的相关关系

土类类型	坡度（°）					
	0～3	3～8	8～15	15～25	25～35	35～90
褐土	0.927	0.903	0.840	0.845	0.658	0.433
棕壤	0.482	0.669	0.832	0.924	0.791	0.666
粗骨土	0.671	0.772	0.796	0.847	0.747	0.533
红黏土	0.820	0.880	0.732	0.645	0.296	—
潮土	0.857	0.519	—	—	—	—
黄棕壤	—	0.509	0.447	0.743	0.574	0.624
紫色土	0.592	0.663	0.585	0.346	0.386	—
黄褐土	—	0.508	0.379	0.608	0.473	—
石质土	—	0.478	0.460	0.506	—	—
水稻土	0.569	—	—	—	—	—
砂姜黑土	0.222	—	—	—	—	—

研究区中只有褐土、棕壤、粗骨土三种土类在各坡度等级上均有所分布，分别计算三种土类在不同坡度等级下的面积比（图 8.4），褐土土类［图 8.4（a）］主要分布在 0°～3°坡度等级，棕壤［图 8.4（b）］与粗骨土土类［图 8.4（c）］则主要分布在 15°～25°坡度等级，与表 8.4 中数据的相对大小一致。对于土壤亚类，其划分主要根据土壤发育程度和附加成土过程（河南省土壤普查办公室，2004），将三种主要土类包括的土壤亚类单独提取出来，计算每种亚类在不同坡度下的面积比（图 8.5）。由土壤在不同坡度等级上的分布情况可知，土壤亚类的空间分布情况各异，如褐土亚类主要分布在低等级坡度上［图 8.5（a）］，但淋溶褐土亚类却主要分布在坡度较大区域［图 8.5（a）］；又如，粗骨土土类的中性粗骨土和钙质粗骨土在 0°～25°不同坡度等级间的面积分布呈阶梯增长趋势［图 8.5（c）］，在 15°～25°坡度等级上出现峰值，而硅质粗骨土则主要分布在 3°～

8°坡度等级。此外，从土类到亚类，土壤所分布的坡度等级数逐渐减少，如褐土土类主要分布在 0°～25°的 4 个坡度等级上，但潮褐土亚类主要分布在平坦区域，仅主要分布在 0°～3°坡度等级上；棕壤土类虽然主要分布在 15°～25°坡度上，但在其他 5 个坡度等级上也有数量各异的分布，而白浆化棕壤亚类却仅分布在 3 个坡度等级上。进一步对亚类所辖土属分布进行计算，发现土属所分布的坡度等级数更少，因此坡度影响不同等级土壤类型多样性的梯度差异，其也是造成各分类级别间分支率不同的重要原因。

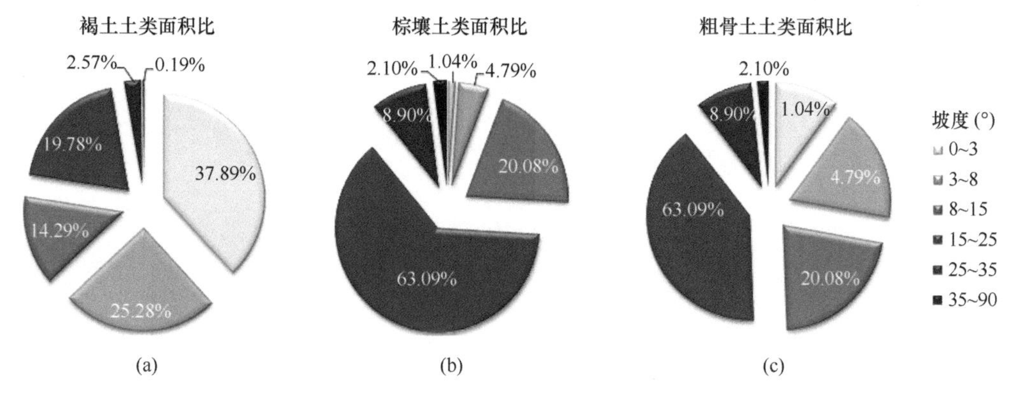

图 8.4　三种主要土类在不同坡度等级上的分布

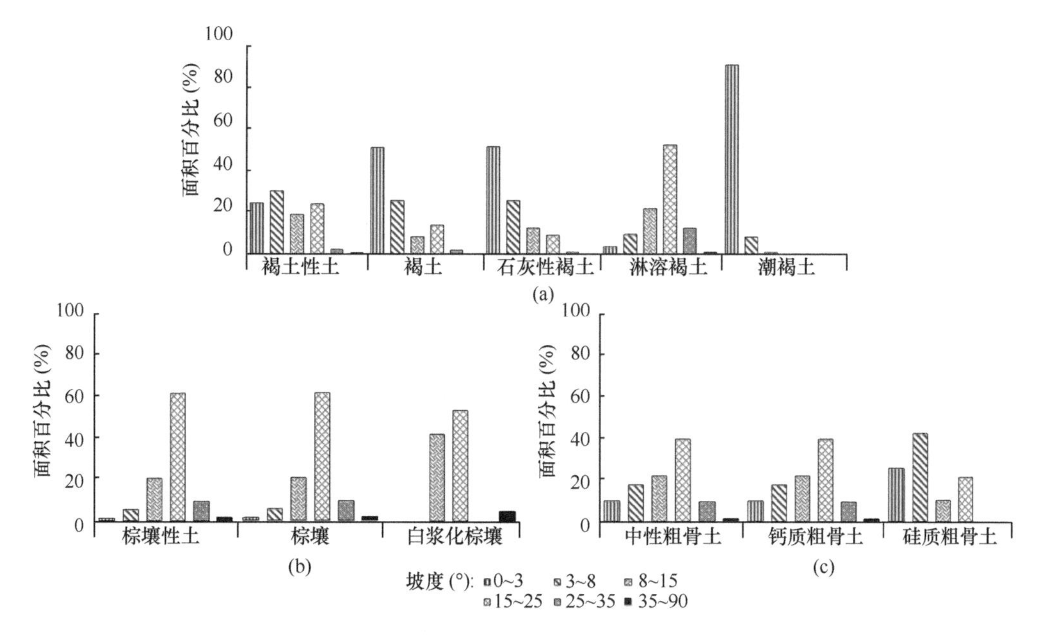

图 8.5　三种主要土类各亚类在不同坡度等级上的分布

8.2.3　坡度与典型土地利用多样性间的相关关系

1. 适宜坡度与典型土地利用空间分布多样性

面状城镇建设用地与线状交通运输用地是城镇化进程中两种重要的土地利用类型，

选择二者作为典型土地利用类型，探索其与适宜坡度空间分布多样性间的相关关系，适宜坡度选择 0°～3°、3°～8°坡度等级，其中 3°和 8°是无、轻度土壤侵蚀的临界坡度，同时也是城镇建设、交通运输用地集中分布的坡度等级。考虑到各行政区之间的对比，两种土地利用类型网格设置与计算以行政区为单位。适宜坡度与城镇建设用地、交通运输用地分别使用空间分布面积指数［式（2.5）］、空间分布长度指数［式（2.6）］计算空间分布多样性特征，前者计算同 8.2.1 节、8.2.2 节，后者以宜阳县某样区网格为例［图 8.6（b）］，具体计算过程如下：

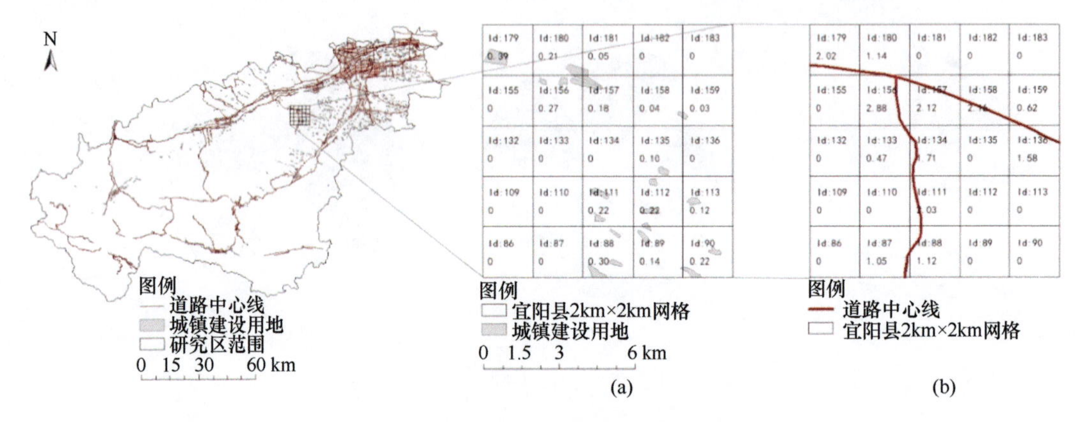

图 8.6　研究区典型土地利用空间分布图

$$l_i = \frac{\text{第}i\text{个网格内道路中心线长度}}{\text{宜阳县道路中心线总长度}}$$

$$\cdots$$

$$l_{156} = \frac{2.88}{307.927} = 0.00935$$

$$l_{157} = \frac{2.12}{307.927} = 0.00688$$

$$l_{158} = \frac{2.16}{307.927} = 0.00689$$

$$\cdots$$

$$S = 487$$

将数据代入式（2.6）得

$$I_l = 0.787$$

表 8.5 为研究对象各行政区适宜坡度与两种典型土地利用类型的基本信息和空间分布多样性指数。研究区中宜阳县适宜坡度面积最大且空间分布多样性指数最高，栾川县的适宜坡度空间分布多样性指数最低，虽然洛阳市区适宜坡度的面积不大，但空间分布多样性指数高，坡度分布均匀，适合城镇化进程发展，因此城镇建设用地与交通运输用地主要集中在洛阳市区、伊川县、偃师市及宜阳县等适宜坡度分布较为广泛的地区，而卢氏县的城镇建设进程最弱，城镇建设用地多样性面积指数最低，嵩县和栾川县道路分布较少，空间分布多样性指数较低。

表 8.5　研究区适宜坡度及典型土地利用类型空间分布多样性

研究区	适宜坡度		城镇建设用地		交通运输用地	
	面积（km^2）	空间分布多样性指数	面积（km^2）	空间分布多样性指数	道路中心线长度（km）	空间分布多样性指数
伊川县	1047.675	0.975	110.360	0.830	204.210	0.775
偃师市	911.079	0.972	117.016	0.792	370.718	0.816
洛阳市区	461.382	0.967	194.298	0.874	392.655	0.906
宜阳县	1336.420	0.957	79.114	0.741	307.927	0.787
洛宁县	1191.841	0.900	35.451	0.641	269.264	0.726
嵩县	1113.266	0.860	23.492	0.579	232.914	0.710
卢氏县	768.293	0.779	19.716	0.465	330.477	0.739
栾川县	336.273	0.739	21.338	0.496	254.421	0.713

2. 适宜坡度与典型土地利用多样性间相关关系

将各行政区适宜坡度空间分布面积指数、城镇建设用地空间分布面积指数、交通运输用地空间分布长度指数作为三组变量，使用 Pearson 相关分析计算三者间的相关系数。但由于两种土地利用类型在发展过程中相互影响，坡度同时也影响二者的建设，因此仅使用简单相关分析得出的结论并不准确，需要控制其中某一变量来研究另外两变量间的偏相关关系。由表 8.6 可知，适宜坡度与两种土地利用类型间的一阶偏相关系数均小于其对应的 Pearson 相关分析系数，但交通运输用地与适宜坡度间的一阶偏相关系数 0.476 远小于 Pearson 相关分析系数 0.678，并且小于其与城镇建设用地间的一阶偏相关系数 0.715，说明研究区坡度对交通运输用地的影响低于城镇建设用地对其的影响。此外，适宜坡度与城镇建设用地间的一阶偏相关系数 0.922 大于其与交通运输用地间的一阶偏相关系数 0.476，说明对于坡度而言，在各行政区中坡度对城镇的选址与建设影响更大，二者间的线性相关关系更为显著。

表 8.6　适宜坡度与典型土地利用多样性间相关关系

变量 1	变量 2	Pearson 相关分析系数	偏相关分析	
			控制变量	一阶偏相关系数
①	②	0.946	③	0.922
①	③	0.678	②	0.476
②	③	0.812	①	0.715

注：①适宜坡度空间分布面积指数；②城镇建设用地空间分布面积指数；③交通运输用地空间分布长度指数。

综上所述，本书将土壤多样性理论与方法应用于坡度、水土等自然地学要素以及城镇化土地利用等人为地学要素的空间分布多样性格局评价中，并探索了坡度与各地学要素间的相关关系，发现伊洛河流域研究区中各等级坡度分布均匀，地形坡度构成复杂，坡度与各地学要素间关系密切。其中，地表水体除主要分布在 0°～8°适宜坡度外，在易形成径流的 15°～25°高等级坡度上也有较多分布；城镇建设用地与交通运输用地同样与适宜坡度间具有一定的相关性，二者中坡度对城镇建设用地的线性相关影响更大；土壤类型与坡度间相关性强，不同土壤类型集中分布在某些坡度等级上，随着土类到亚类再到土属的划分，各土壤类型所分布的坡度等级个数越来越少，坡度造成各分类级别间分支率的不同，同时也影响不同等级土壤类型多样性的梯度差异。研究表明，通过使用不同形式的多样性及相关分析方法，可评价不同资源空间分布离散性程度及其之间的联系，其在不同形态地学要素的空间分布及关联性评价中具有广阔的应用前景。

第9章　河南省成土母质与土壤空间分布多样性的特征

9.1　将母质要素加入多样性研究中

基于经典的道库恰耶夫学说，土壤是由母质、气候、生物、地形和时间五大成土因素综合作用的产物。其中，因岩石裸露出地表风化为疏松的碎屑物质而形成的成土母质是土壤的物质基础，在成土母质不断同动植物界与大气进行物质和能量交换的过程中形成了土壤（河南省土壤普查办公室，2004）。目前，从土壤多样性向地多样性的发展是相关领域的最新研究趋势（Joseph et al.，2016；任圆圆和张学雷，2018），即从单一土壤多样性研究向地形、土地利用、水体、母质和植被等要素多样性研究扩展。

关于成土母质和土壤间的关系，其研究取得了一定的进展，但除了张学雷等早期的初步研究外，均未从多样性的角度对成土母质与土壤之间的关系进行深入分析。鉴于此，本章研究在前人相关研究的基础上，从多样性的角度来分析河南省成土母质和土壤构成组分多样性、各成土母质上发育的土壤分类级别的丰富度指数、分支率和在发生上的对应关系，之后在 5 km×5 km 网格尺度下探讨不同成土母质上典型土类的空间分布离散性特征，并计算河南省成土母质和土壤的空间分布多样性与二者间的相关系数，以期从多样性这一新的视角来研究成土母质与土壤要素的空间分布多样性特征，并不断丰富从土壤多样性向地多样性的有关研究。

9.2　材料与方法

9.2.1　数据来源与处理

土壤数据来自全国第二次土壤普查河南省数字化土壤图（河南省土肥站），如图 9.1（a）所示。成土母质数据是综合土壤母质（河南省土壤普查办公室，2004）的分类并依据土壤分类土属级别中母质信息予以归纳概括而成的，并运用 ArcGIS10.2 软件的空间数据处理和分析功能得到河南省 6 个主要成土母质大类，如图 9.1（b）所示。由图 9.1 可知，河南省的成土母质较为复杂，山区主要是各种岩石风化的残坡积物、洪积物及黄土；在平原地区则为冲积物、洪积物、河湖相沉积物和风积物。

数据处理步骤如下：①运用经典的仙农熵公式测度方法，计算不同成土母质和土壤要素的丰富度指数、构成组分多样性，并对河南省不同成土母质对应的土壤类别个数、分支率和二者在发生上的对应关系进行分析。②运用改进的仙农熵公式测

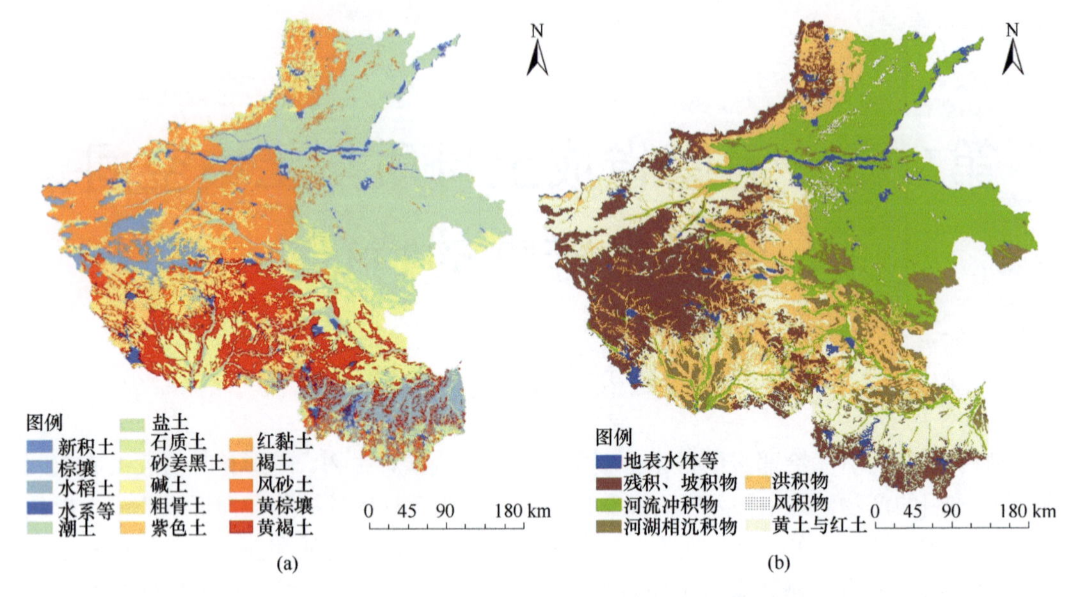

图 9.1 河南省土壤图（土类级别）(a) 和成土母质分类图 (b)

度方法，在 5 km×5 km 网格尺度下计算各个成土母质上的土类空间分布多样性指数值，以便分析成土母质对土壤类型空间分布多样性产生的影响。③运用改进的仙农熵公式，计算河南省的成土母质和土壤的空间分布多样性，并探索二者间的相关性。

9.2.2 研 究 方 法

（1）改进的仙农熵公式。其与 2.3.3 节土壤和地形地貌多样性中的式（2.3）保持一致，主要研究一定网格尺度下的成土母质多样性和土壤空间分布多样性的特征。

（2）关联分析。其与 6.1.2 节关联分析方法保持一致，其中，成土母质和土壤空间分布多样性运用式（2.10）和式（2.11）计算，二者间的公共斑块多样性运用式（2.12）计算，最后代入式（2.9）得出最终的关联系数。

9.3 成土母质与土壤多样性的特征与相关性

9.3.1 成土母质和土壤类型的构成组分多样性

表 9.1 计算了河南省不同成土母质和土壤分类的构成组分多样性，由此可知：①就丰富度指数而言，成土母质和土壤类型的个数分别为 6 个和 15 个。②就构成组分多样性而言，从土类、亚类到土属其构成组分多样性值呈上升趋势，且土属的构成组分多样性值最高（0.81），成土母质的构成组分多样性值为 0.87，说明成土母质和土壤类型在河南省的分布均较为均匀，复杂程度较高。③综合对比，成土母质类型虽少但其构成组分多样性值高于土类，说明若干成土母质均有可能发育形成同一种土壤类型，这在一定程度上也与成土母质和土壤在河南省分布的位置、面积大小及其二者分类系统的分支率有关。

表 9.1　河南省不同成土母质和土壤分类的构成组分多样性

名称	丰富度指数（个）	构成组分多样性	名称	丰富度指数（个）	构成组分多样性
成土母质	6.00	0.87	亚类	39.00	0.80
土类	15.00	0.74	土属	138.00	0.81

9.3.2　成土母质和土壤类别多样性间发生关系的测度分析

不同成土母质上发育的土壤类型各异，统计不同成土母质上发育的土类、亚类和土属类型的个数及分支率，结果见表 9.2（表注为不同成土母质下土类、亚类和土属类别的分支率计算公式）。由表 9.2 可知：①在六大类成土母质类型中，每一类发育形成的土类丰富度不一，有的成土母质发育着多种土壤，有的成土母质只有某种土类发育。②残积、坡积物成土母质在河南省的面积最大且其发育的土类、亚类和土属数量均最多，土壤类型最为复杂多样。③6 种成土母质下发育的土壤类型随着分类级别从土类、亚类到土属，其丰富度指数呈上升趋势但其上升的幅度不同，造成不同级别间分支率差别大。④除了黄土与红土成土母质和河湖相沉积物成土母质外，其他成土母质上所发育土壤分类系统的分支率呈现从高级别到低级别递减的趋势，佐证了多数情况下土壤分类系统框架中较低分类单元向下分支数值较其较高分类单元间的值有所降低的基本规律。⑤由图 9.2（a）和图 9.2（b）可知，各成土母质的面积比例与其发育的土类丰富度和亚类丰富度指数之间没有明显的线性相关关系，相关系数小于 0.3，属弱正相关关系；但其与土属的丰富度指数间的相关性有一定的提高，其值为 0.5142，表明二者达到中等正相关关系，如图 9.2（c）所示。

表 9.2　河南省不同成土母质和土壤分类的构成组分多样性

成土母质	面积比例（%）	土类数	亚类数	土属数	分支率	
					N_1/N_2	N_2/N_3
河流冲积物	31.26	3	8	26	2.67	3.25
洪积物	18.88	5	11	22	2.2	2
黄土与红土	20.04	5	15	25	3	1.67
残积、坡积物	21.85	8	18	46	2.25	2.56
河湖相沉积物	7.31	4	10	16	2.5	1.6
风积物	0.66	1	1	3	1	3

注：分支率 $BR = N_i / N_{i+1}$，N_1 代表土属，N_2 代表亚类，N_3 代表土类。

9.3.3　成土母质和土壤类别多样性在发生上的对应关系

表 9.3 统计了河南省不同成土母质上发育的土类类型，结合表 9.2，将省内 15 种土类与不同成土母质间对应的关系类型分为以下几种。

（1）一对多（即一种土类类型发育在多种成土母质上）：如潮土、褐土、黄褐土和水稻土等均发育在 3 种不同的成土母质上，棕壤和砂姜黑土发育在两种不同的成土母质上，显示出不同的土壤发育程度及特征。以潮土为例（表 9.4），在河流冲积物、洪积物

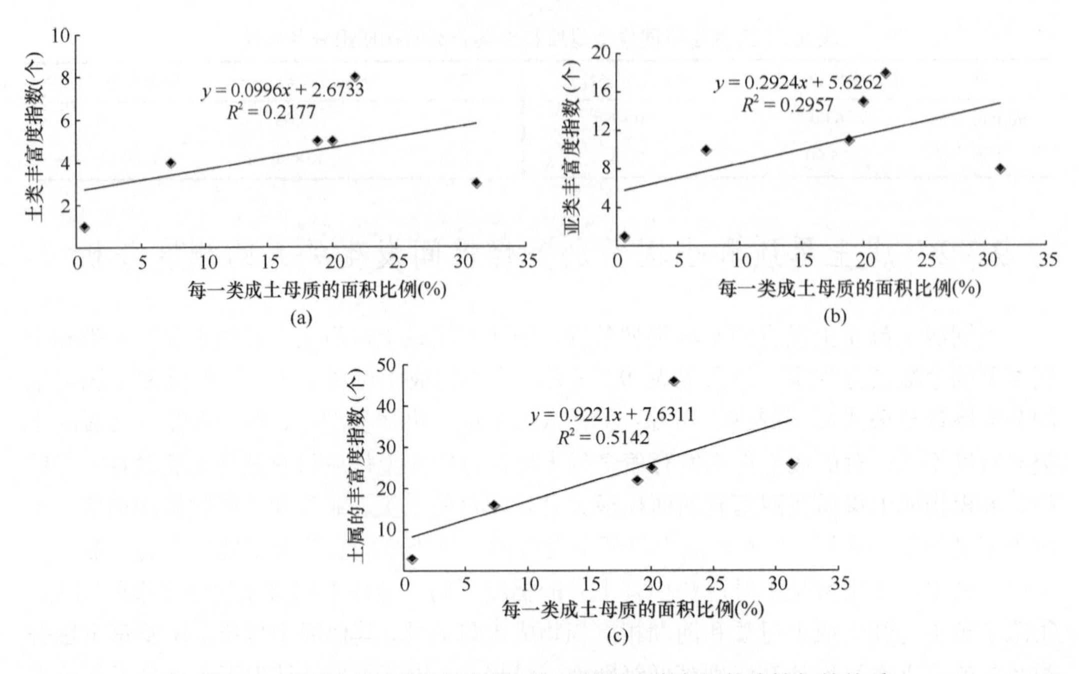

图 9.2　不同成土母质的面积比例与土壤丰富度之间的线性相关关系

表 9.3　河南省不同成土母质对应的土类

母质名称	对应的土类类型
河流冲积物	潮土、碱土、水稻土
洪积物	潮土、褐土、黄褐土、砂姜黑土、盐土
黄土与红土	褐土、红黏土、黄褐土、水稻土、棕壤
残积、坡积物	粗骨土、褐土、黄褐土、黄棕壤、石质土、水稻土、紫色土、棕壤
河湖相沉积物	潮土、砂姜黑土、水稻土、新积土
风积物	风沙土

表 9.4　潮土在不同成土母质类型下的发育状况

成土母质	土类	亚类	土属
河流冲积物	潮土	潮土	底砂两合土
			底黏砂土
			黄砂潮土
			两合土
			砂砾潮土
			砂土
			小两合土
			腰砂两合土
			腰砂淤土
			腰黏砂土
			淤土
		灰潮土	灰两合土
			灰砂土

续表

成土母质	土类	亚类	土属
河流冲积物	潮土	灰潮土	灰淤土
			腰黏灰砂土
		碱化潮土	碱化潮土
		湿潮土	壤砂湿潮土
		脱潮土	底黏脱潮砂土
			脱潮两合土
			脱潮砂土
			脱潮淤土
			腰砂脱潮两合土
			腰砂脱潮淤土
洪积物	潮土	湿潮土	黄砂湿潮土
河湖相沉积物	潮土	潮土	黑底潮土
		灌淤潮土	灌淤潮土
		灰潮土	底砂灰两合土

和河湖相沉积物3种不同成土母质上发育的亚类个数分别为5个、1个、3个，发育的土属个数分别为23个、1个、3个；褐土在洪积物和残积、坡积物上和黄土与红土成土母质上发育的亚类个数分别为5个、4个、4个，发育的土属个数分别为12个、13个、12个；黄褐土主要发育在洪积物、黄土与红土成土母质上和残积、坡积物成土母质上的亚类个数分别为2个、4个、2个，对应的土属个数分别为6个、5个、2个；就水稻土而言，在河流冲积物、黄土与红土和残积、坡积物成土母质上发育的亚类个数分别为1个、3个、1个，发育的土属个数分别为1个、3个、1个；棕壤在黄土与红土成土母质上发育的亚类主要是棕壤和棕壤性土，对应的土属分别是黄土棕壤和棕壤性土，而其在残积、坡积物上发育了3个土壤亚类（白浆化棕壤、棕壤和棕壤性土）和11个土属；砂浆黑土在洪积物和河湖相沉积物上发育的2个亚类均是砂姜黑土和石灰性砂姜黑土，发育的土属个数分别为2个和6个。

（2）一对一（即一种土类类型发育在一种土壤成土母质上）：如碱土、盐土、红黏土、粗骨土、石质土、紫色土、新积土、风沙土和黄棕壤。6种成土母质类型上均发育有独特的土类类型，反映出土壤及其成土母质在发生上的特质性。其中，残积、坡积物下发育的特有土类类型有4个，其他5个成土母质类型均发育1种特定土壤类型，如碱土仅发育在河流冲积物成土母质上，黄河大堤外侧因受高水位侧渗影响，呈带状分布着碱化土壤，盐土仅发育在洪积物成土母质上。

（3）多对一（即多种土壤类型发育在一种土壤母质上）：除风沙土外，其他土类均属于该类型。其中，残积、坡积物成土母质发育的土类类型最多，共8个土类，洪积物、黄土与红土发育了5个土类类型，河湖相沉积物发育了4个土类类型，河流冲积物发育了3种土类类型。

9.3.4 不同成土母质对土类空间分布多样性的影响

通过 ArcGIS10.2 软件的空间分析并运用式（2.3）计算得出每一种成土母质上发育的土类类型的空间分布多样性指数值（图 9.3）。由此可知，残积、坡积物成土母质上发育的土类中，粗骨土是空间分布离散性程度最高且面积最大的土类（0.88，15556 km^2），是该成土母质上的优势土类，河流冲积物成土母质上的优势土类是潮土（0.97，50465 km^2），河湖相沉积物成土母质上的优势土类是砂姜黑土（0.90，9689 km^2）；洪积物成土母质和黄土与红土成土母质上空间分布离散性最高的土类均是黄褐土，其值分别为 0.86，11 755 km^2 和 0.85，9811 km^2，但其面积在该成土母质所发育的土类中均是次高值，面积最大的土类均是褐土，其值分别为 0.83，12264 km^2 和 0.81，11639 km^2；风积物成土母质上仅发育了风沙土一种土类，其空间分布离散性值为 0.91。

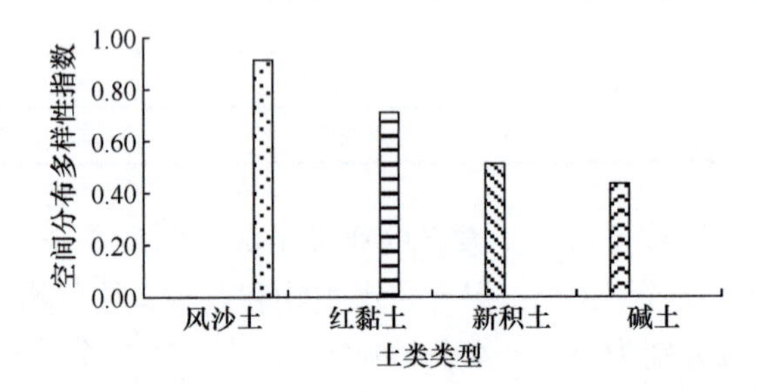

图 9.3　不同成土母质发育的土类类型的空间分布多样性指数

以潮土、褐土和棕壤为例，它们在不同成土母质上的空间分布如图 9.4 所示。其中，由图 9.4（a）可知，河南省的潮土分布在河流冲积物、洪积物和河湖相沉积物这 3 种成土母质上，且主要分布在东部的河流冲积物上，其次分布在西南部南阳盆地的河流冲积物上以及南部的河湖相沉积物上。由图 9.4（b）可知，河南省的褐土主要分布在残积、坡积物，黄土与红土及洪积物这 3 种成土母质上，且主要分布在西部的残积、坡积物上，其次分布在西北部的黄土与红土上，西南部的洪积物上也有一些分布。由图 9.4（c）可知，

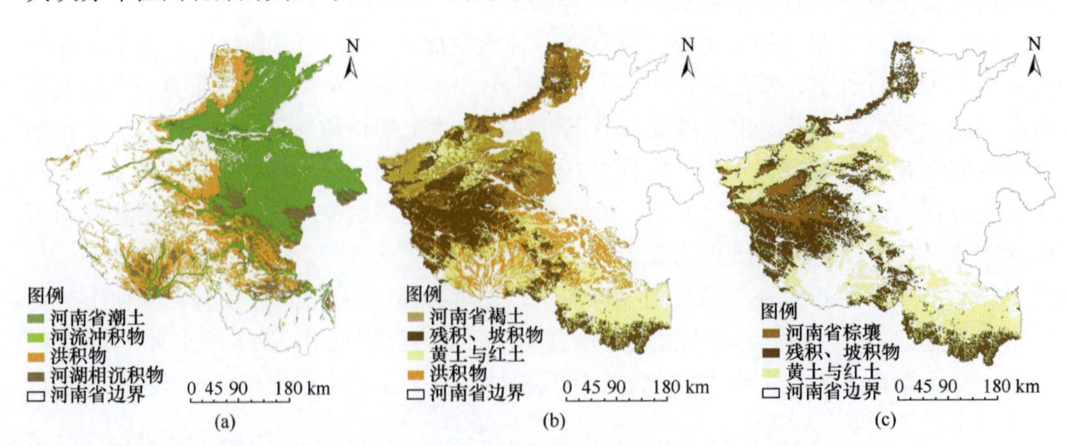

图 9.4　潮土、褐土和棕壤在河南省不同成土母质上的分布状况

河南省的棕壤主要分布在残积、坡积物和黄土与红土这两种成土母质上，且主要分布在西部的残积、坡积物上，在西北部和南部的黄土与红土成土母质上也有少许分布。

9.3.5　不同成土母质和土类空间分布多样性的关联性

河南省土类和成土母质在 5 km×5 km 网格尺度下的空间分布多样性指数值见表 9.5 和表 9.6，就土类空间分布多样性而言，潮土是河南省面积最大、空间分布多样性指数值最高的土类类型，其值分别为 51896 km^2 和 0.889，盐土是面积最小、空间分布多样性指数值最低的土类类型。就成土母质空间分布多样性而言，河流冲积物是分布面积最大、空间分布多样性指数值最高的成土母质类型，其值分别为 50581 km^2 和 0.887，说明该土壤成土母质在河南省的多样性程度最高，此外，残积、坡积物的空间分布多样性指数值为 0.863，其值稍低于河流冲积物、洪积物和黄土与红土成土母质，但其土壤发育的丰富度指数最高。

运用式（2.9）计算河南省成土母质和土类二者间的关联性（表 9.7），总体来看，六大类成土母质与 15 个土类间有不同程度的相关性，潮土与河流冲积物成土母质、风沙土与风积物成土母质间的相关系数接近于 1，呈高度正相关关系，说明潮土多由河流冲积物成土母质发育而来，同时风沙土成土母质只能发育出一种土类。洪积物成土母质与潮土间的相关性最弱，相关系数大于 0.3，呈弱正相关关系；从纵向来看，残积、坡积物成土母质与 15 个土类的相关系数最多（8 个），其次是黄土与红土成土母质和土类有 6 个相关系数，风积物成土母质仅与风沙土有相关性。

表 9.5　河南省土类空间分布多样性

土类类型	面积（km^2）	空间分布多样性指数
潮土	51896	0.889
黄褐土	21871	0.831
褐土	27824	0.83
粗骨土	15556	0.802
砂姜黑土	16124	0.784
水稻土	8850	0.739
石质土	5484	0.72
黄棕壤	3566	0.673
棕壤	5271	0.667
红黏土	3138	0.66
风沙土	1060	0.591
紫色土	801	0.531
新积土	252	0.427
碱土	99	0.396
盐土	25	0.227

表 9.6　河南省成土母质空间分布多样性

成土母质名称	面积（km^2）	空间分布多样性指数
河流冲积物	50581	0.887
洪积物	30555	0.877
黄土与红土	32429	0.867
残积、坡积物	35359	0.863
河湖相沉积物	11831	0.773
风积物	1060	0.591

表 9.7　河南省土类和土壤成土母质空间分布多样性的相关性

土类	河流冲积物	洪积物	黄土与红土	残积、坡积物	河湖相沉积物	风积物
潮土	0.999	0.316	—	—	0.716	—
黄褐土	—	0.932	0.918	0.516	—	—
褐土	—	0.903	0.884	0.806	—	—
粗骨土	—	—	—	0.964	—	—
砂姜黑土	—	0.883	—	—	0.96	—
水稻土	0.165	—	0.908	0.673	0.611	—
石质土	—	—	—	0.91	—	—
黄棕壤	—	—	—	0.876	—	—
棕壤	—	—	0.375	0.871	—	—
红黏土	—	—	0.864	—	—	—
风沙土	—	—	—	—	—	1
紫色土	—	—	—	0.762	—	—
新积土	—	—	—	—	0.712	—
碱土	0.617	—	—	—	—	—
盐土	—	0.412	—	—	—	—

综上所述，河南省共有 6 类成土母质，分别为残积、坡积物及洪积物、黄土与红土、河湖相沉积物、河流冲积物和风积物，且在 5 km×5 km 网格尺度下，河流冲积物是面积最大、空间分布离散性程度最高的成土母质，风积物成土母质是面积最小且空间分布离散性值最低的成土母质类型。与土壤分类系统相比，成土母质分类系统构成相对简单，虽其丰富度指数最小但构成组分多样性值高于土类，这与二者分类系统的分支率有关。在六大类成土母质类型中，每一类发育形成的土类丰富度指数不一，残积、坡积物成土母质发育的土壤类型最为复杂，15 种土类与不同成土母质间的对应关系可分为一对多、一对一和多对一类型，展现成土母质与土壤多样性特征的发生学基础。六大类成土母质与 15 种土类间有不同程度的相关性，其中，潮土与河流冲积物成土母质、风沙土与风积物成土母质间的相关性最强，洪积物母质与潮土间的相关性最弱。不同成土母质与各个土壤类型在发生关系上存在差异，各个成土母质上发育的土类丰富度和空间分布离散性程度不同，且成土母质空间分布多样性与土类空间分布多样性间存在相关性。

第 10 章　土壤及地形与耕地多样性格局的特征

目前，国内外关于土壤多样性的研究主要有地形地貌学与土壤多样性的关系、土壤和景观的多样性在空间和时间上的关系、土壤多样性与土地利用规划及分区的问题等方面（张学雷等，2003a，2003b；Guo et al.，2003a，2003b；Fu et al.，2018；Rannik et al.，2016）。综合来看，土壤多样性研究已经从自身的发展向多地学要素融合，并且展开了相关性分析（任圆圆和张学雷，2018）。

本章基于不同的土地利用方式，选取耕地与土壤及地形要素进行多样性格局特征关系的分析，以期从新的视觉角度探索河南省土壤及地形与耕地多样性格局的特征及相关关系，为耕地的合理利用及农业管理措施提供数据支持。

10.1　材料与方法

10.1.1　研究区概况

河南省地理坐标为 31°23′N～36°22′N，110°21′E～116°39′E，地处华北平原南部的黄河中下游地区，东临山东、安徽，西接陕西，南、北分别与湖北、河北和山西接壤，总面积为 16.7 万 km^2，依据自然环境的变迁和社会经济的发展，河南省被划分为五个区（图 10.1）。河南省整体属于温带大陆性季风气候，多数地区处于暖温带，南部跨亚热带，具有四季分明、日照充足、雨热同期的气候特点，降雨以 6～8 月最多，全年无霜期 201～285d，有利于多种农作物的种植。

10.1.2　数据来源与处理

研究中的遥感数据为美国陆地卫星（Landsat-8）的 OLI 影像，河南省域范围内的 18 个地市遥感数据获取时间为 2015 年 5～9 月。土壤数据来自全国第二次土壤普查河南省数字化土壤图，具体情况如图 5.1 所示；地形数据由河南省原始 DEM 数据获得，具体情况如图 5.2 和图 5.3 所示。研究区采用 WGS 坐标系，投影采用 UTM 投影，利用 ENVI 4.5 软件，将研究区的 OLI 影像按照《土地利用现状分类》国家标准（2007 版）划分为 6 类土地利用类型，首先选用 6 波段、5 波段、4 波段对影像进行合成，然后再对合成的影像进行校正、图像增强、监督分类，其中监督分类采用最大似然法，并结合 Google Earth 高清地图对影像进行比对和校正，最后在 ArcGIS10.0 软件中对监督分类结果进行矢量化（图 10.2）。

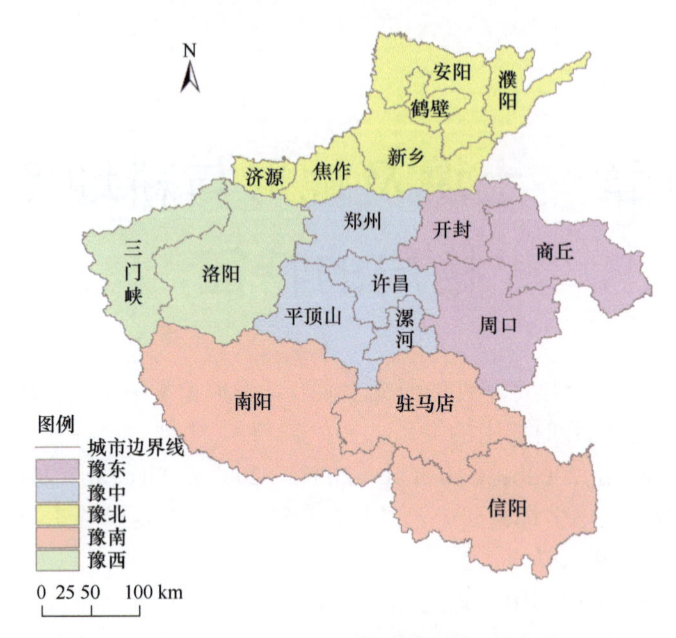

图 10.1　河南省行政区划分

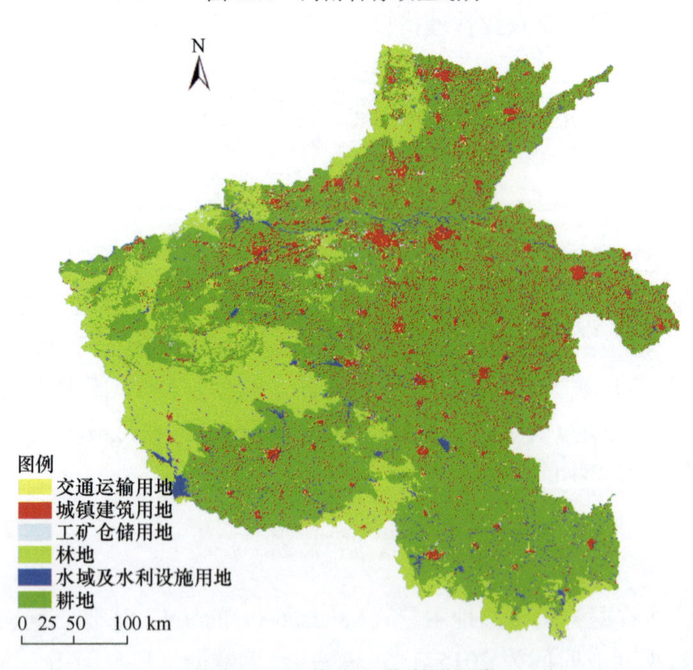

图 10.2　河南省土地利用分类

10.1.3　研 究 方 法

随着多样性研究方法的引入和变化，土壤多样性研究也与土地利用变化、城市化、生物多样性等相结合（段金龙和张学雷，2014），因此本章研究内容应用改进的仙农熵公式探索多地学要素和耕地的多样性特征及关联性。

（1）仙农熵的变形公式。其与 2.3.3 节土壤和地形地貌多样性中的式（2.3）保持一致，主要研究一定网格尺度下的土壤、地形及耕地多样性的空间分布离散程度。

（2）关联分析。其与 2.3.6 节资源分布的关联性中的式（2.9）～式（2.12）保持一致。其中，运用式（2.10）和式（2.11）分别计算地形/土壤和耕地的空间分布多样性，运用式（2.12）计算地形/土壤与耕地的空间相互叠置分布情况，运用式（2.9）对这两种要素和耕地的关联性进行计算，关联性越大，表明要素和耕地的空间分布叠置越强。

10.2　土壤、地形与耕地多样性的特征

10.2.1　构成组分多样性

分析河南省地形、土壤的构成组分多样性特征可得（表 10.1）：①就地形而言，济源市的构成组分多样性最大，为 0.931，其地形类别数量分布相对最均衡；南阳市和驻马店市同样有 4 种地形，构成组分多样性却有显著差异，分别是 0.925 和 0.386；商丘市、开封市、漯河市、濮阳市和周口市皆为 0，只有 1 种地形。②就土壤而言，漯河市的土壤构成组分多样性最大，为 0.867，有 4 种土类，平顶山市和南阳市的土壤构成组分多样性仅次于漯河市，分别为 0.844 和 0.822，土类数目均为 11 种，前者种类不多但较均匀，后者种类较多但均匀度不及前者；其他地市周口市、商丘市、濮阳市、开封市的土壤构成组分多样性分别是 0.292、0.136、0.082、0.067，多呈不均匀分布且各有差别。

表 10.1　土壤及地形的构成组分多样性

地市	地形			土壤（土类）		
	多样性指数	类别数目	面积（km^2）	多样性指数	类别数目	面积（km^2）
三门峡市	0.520	2	9907	0.727	11	9699
信阳市	0.447	3	18911	0.730	10	18249
南阳市	0.925	4	26441	0.822	11	25886
鹤壁市	0.544	3	2143	0.590	7	2141
驻马店市	0.386	4	15100	0.679	7	14810
许昌市	0.366	3	4981	0.604	7	4966
商丘市	0.000	1	10709	0.136	7	10576
新乡市	0.415	3	8243	0.436	12	7889
开封市	0.000	1	6294	0.067	5	5867
郑州市	0.820	3	7604	0.502	9	7112
漯河市	0.000	1	2703	0.867	4	2703
濮阳市	0.000	1	4205	0.082	3	3817
焦作市	0.537	3	3945	0.569	8	3858
洛阳市	0.822	3	15223	0.647	10	15040
周口市	0.000	1	11981	0.292	5	11945
济源市	0.931	3	1895	0.603	7	1862
平顶山市	0.846	3	7898	0.844	11	7644
安阳市	0.766	3	7361	0.587	8	7183

进一步探索地形和土壤的类别数目、面积大小与构成组分多样性之间的相关性（图 10.3），结果表明：①地形和土壤类别数目与其构成组分多样性存在一定的相关性，且地形类别数目与其的相关性高于土壤类别数目与其的相关性，达到 0.79；②地形与土壤的面积大小与构成组分多样性的相关性极低，不足 0.1，说明地形、土壤的构成组分均匀程度与各要素的面积大小呈极弱相关性。

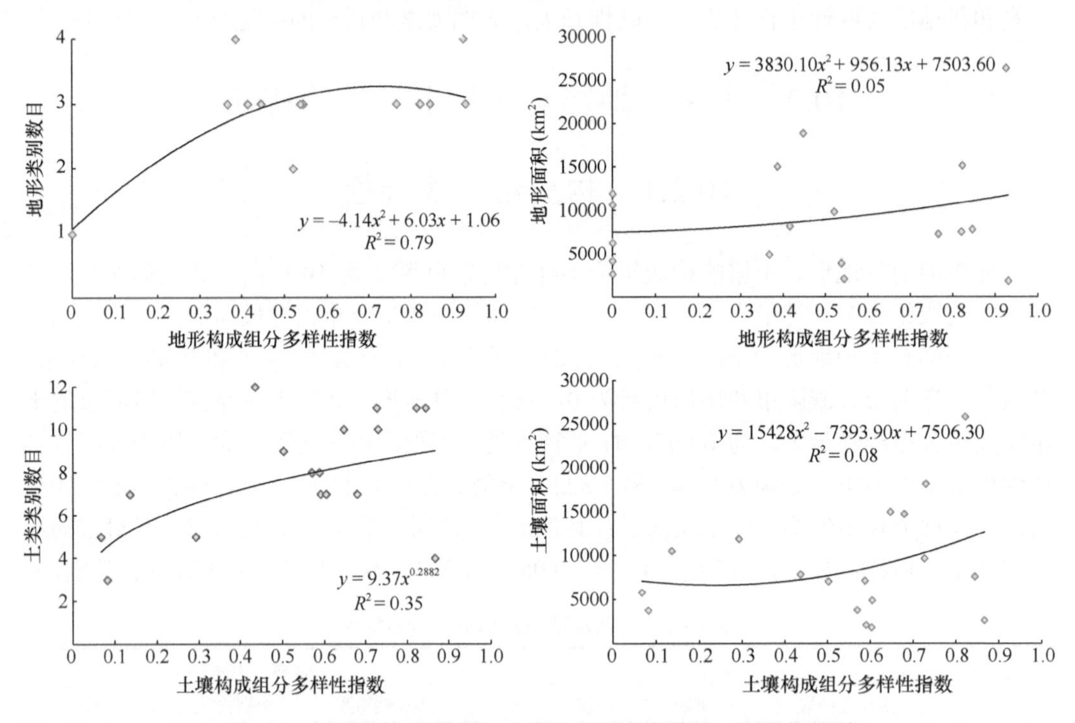

图 10.3　构成组分多样性与土壤及地形要素数量、面积的关系

10.2.2　空间分布多样性

1. 地形的空间分布多样性

网格尺寸的选取对地形/土壤的空间分布多样性有不同的影响，根据段金龙和张学雷（2011）对多种网格尺度应用的研究，并依据河南省 18 个地市的行政范围大小，本书的研究选用 1km×1km 网格计算地形的空间分布多样性指数并分析地形面积与其空间分布多样性的关系（表 10.2），结果表明：①18 个地市的地形空间分布多样性指数均接近于 1，说明地形分布整体呈高均匀状态。②研究区内所有的平原和丘陵的多样性指数均大于 0.7，说明平原、丘陵在河南省整体分布较为均匀；而山地的分布各地市间差异较明显，其中最大的是三门峡市，为 0.985，最小的是驻马店市，为 0.494。③仅南阳市和驻马店市有盆地分布，多样性指数分别为 0.914 和 0.710，说明盆地在这两个地区分布比较均匀，且南阳市盆地的分布均匀程度更高，面积占优势地位。④商丘市、开封市、濮阳市、漯河市、周口市有且仅有平原一种地形，多样性指数均接近于 1，说明平原在这 5 个地市的空间分布均匀且普遍。⑤除仅有平原分布的 5 个地市外，其他地市的地形空

间分布多样性特征表现为随面积增加或减少，空间分布多样性指数呈现出与之相应的一致性。⑥计算地形面积和空间分布多样性的相关系数可得，地形面积与其空间分布多样性呈正相关关系，相关系数达 0.80；河南省的四种地形中，盆地面积与其空间分布多样性的相关性最强，为 0.82，这与南阳市、驻马店市盆地分布集中且空间广导致均匀程度高有关；而平原、丘陵、山地的面积与空间分布多样性的相关性较为相似且均匀。

表 10.2　地形空间分布多样性与面积的关系

地市	整体地形		平原		丘陵		山地		盆地	
	面积（km^2）	多样性指数	面积（km^2）	多样性指数	面积（km^2）	多样性指数	面积（km^2）	多样性指数	面积（km^2）	多样性指数
三门峡市	9907	0.997	—	—	1158	0.788	8749	0.985	—	—
信阳市	18912	0.998	16104	0.984	2294	0.815	514	0.677	—	—
南阳市	26442	0.998	3358	0.818	7506	0.891	4427	0.837	11151	0.914
鹤壁市	2144	0.994	1690	0.967	395	0.798	59	0.620	—	—
驻马店市	15101	0.998	12864	0.983	1277	0.766	56	0.494	904	0.710
许昌市	4982	0.996	4373	0.982	565	0.759	43	0.528	—	—
商丘市	10710	0.997	10710	0.997	—	—	—	—	—	—
新乡市	8243	0.997	7237	0.983	493	0.713	514	0.713	—	—
开封市	6294	0.997	6294	0.997	—	—	—	—	—	—
郑州市	7605	0.997	4438	0.942	2457	0.885	710	0.759	—	—
漯河市	2704	0.994	2704	0.994	—	—	—	—	—	—
濮阳市	4205	0.994	4205	0.994	—	—	—	—	—	—
焦作市	3945	0.996	3240	0.974	418	0.753	287	0.709	—	—
洛阳市	15224	0.998	1228	0.747	5762	0.906	8234	0.940	—	—
周口市	11981	0.998	11981	0.998	—	—	—	—	—	—
济源市	1895	0.995	418	0.811	988	0.926	489	0.845	—	—
平顶山市	7898	0.997	4250	0.933	2873	0.899	775	0.768	—	—
安阳市	7361	0.996	4912	0.952	1698	0.842	751	0.765	—	—
相关系数	0.80		0.45		0.55		0.56		0.82	

2. 土壤及耕地的空间分布多样性

河南省共有 15 种土类，采用与地形空间分布多样性研究相同的网格尺度，即 1km×1km 网格进行测度；将多样性指数 Y_h 取值[0.0，1.0]划分为[0.0，0.2]、(0.2，0.4]、(0.4，0.6]、(0.6，0.8]、(0.8，1.0] 5 个等级，以此来判别土壤的空间分布状态（表 10.3、图 10.4）。研究结果表明，就土壤空间分布多样性而言：①河南省的优势土类是潮土和褐土，以潮土或褐土作为一级土类分布的地市多达 10 个，如三门峡市、鹤壁市、许昌市等，土壤空间分布多样性指数为 (0.8，1.0]，说明优势土类整体分布的均匀性（图 10.5）。②信阳市和南阳市的一级土类均没有潮土和褐土分布，信阳市的一级土类是水稻土、黄褐土、黄棕壤，南阳市的一级土类是砂姜黑土、粗骨土、黄褐土，这与土壤的地带性和地方性分布规律有关。③依据土壤空间分布等级的划分，许昌市和新乡共有 5 级分类，这两个地市的土壤空间分布均匀程度具有显著差异，新乡市共有 12 个土类，占河南省土类个数的 80%，说明新乡市各类别土壤分布较广。④漯河市与许昌市、新乡市相反，有 1 级土类和 2 级土类分布，且最小的土壤空间分布多样性指数为 0.642，说明漯河市的土类分布整体呈现均匀状态。⑤河南省的劣势土类是盐土和碱土，仅分布在商丘市、开封市、新乡市和濮阳市，在对应的地市范围内被划分为 4 级或 5 级土类，空间分布相对不均匀，多呈零星分布（图 10.5）。就耕地空间分布格局而言，河南省的耕地空间分布多样性均大于 0.9，说明作为中国农业大省，其耕地整体上空间分布均匀，如东部的周口市（0.995）与西部的三门峡市（0.927）耕地空间分布多样性虽略有差异，但均属于高水平均匀态势。

表 10.3　土壤及耕地的空间分布多样性

地市	土类数目	分级	土壤类型	多样性指数	
				土壤（均值）	耕地
三门峡市	11	1	褐土	0.942	0.927
		2	粗骨土、棕壤、红黏土、石质土、黄棕壤	0.736	
		3	黄褐土、紫色土、新积土	0.476	
		4	潮土、风沙土	0.370	
信阳市	10	1	水稻土、黄褐土、黄棕壤	0.873	0.977
		2	石质土、砂姜黑土、粗骨土、潮土	0.751	
		3	紫色土、红黏土	0.525	
		4	棕壤	0.368	
南阳市	11	1	砂姜黑土、粗骨土、黄褐土	0.883	0.933
		2	棕壤、水稻土、潮土、石质土、紫色土、黄棕壤	0.666	
		3	红黏土	0.493	
		4	褐土	0.253	
鹤壁市	7	1	潮土、褐土	0.892	0.970
		2	石质土	0.753	
		3	粗骨土、红黏土、风沙土	0.481	
		4	新积土	0.205	
驻马店市	7	1	潮土、砂姜黑土、黄褐土	0.879	0.989
		2	石质土、粗骨土	0.700	
		3	水稻土、黄棕壤	0.481	
许昌市	7	1	潮土、褐土	0.900	0.990
		2	砂姜黑土、粗骨土	0.738	
		3	石质土	0.412	
		4	棕壤	0.278	
		5	黄褐土	0.147	
商丘市	7	1	潮土	0.991	0.993
		2	砂姜黑土	0.661	
		3	碱土、风沙土	0.526	
		4	盐土、石质土、褐土	0.250	
新乡市	12	1	潮土	0.958	0.979
		2	石质土、粗骨土、褐土、风沙土	0.692	
		3	新积土、棕壤、水稻土、砂姜黑土	0.497	

续表

地市	土类数目	分级	土壤类型	多样性指数	
				土壤（均值）	耕地
新乡市	12	4	盐土、红黏土	0.361	0.979
		5	碱土	0.196	
开封市	5	1	潮土	0.989	0.988
		2	风沙土	0.629	
		4	新积土	0.313	
		5	盐土、碱土	0.169	
郑州市	9	1	潮土、褐土	0.900	0.976
		2	粗骨土、红黏土、风沙土	0.650	
		3	新积土、棕壤、石质土、紫色土	0.482	
漯河市	4	1	潮土、砂姜黑土、黄褐土	0.862	0.989
		2	褐土	0.642	
濮阳市	3	1	潮土	0.983	0.989
		3	风沙土	0.544	
		4	碱土	0.276	
焦作市	8	1	潮土、褐土	0.881	0.979
		2	新积土、石质土、粗骨土	0.676	
		3	砂姜黑土	0.517	
		4	棕壤、红黏土	0.325	
洛阳市	10	1	棕壤、粗骨土、红黏土、褐土	0.852	0.975
		2	潮土、紫色土	0.662	
		3	石质土、黄棕壤	0.486	
		4	水稻土、砂姜黑土	0.368	
周口市	5	1	潮土、砂姜黑土	0.913	0.995
		3	褐土	0.442	
		4	风沙土、黄褐土	0.347	
济源市	7	1	褐土	0.947	0.932
		2	潮土、石质土、粗骨土	0.739	
		3	棕壤、水稻土	0.456	
		4	新积土	0.383	
平顶山市	11	1	粗骨土、褐土、黄褐土	0.863	0.962
		2	棕壤、潮土、砂姜黑土、黄棕壤	0.658	
		3	石质土	0.572	
		4	水稻土、紫色土、红黏土	0.304	
安阳市	8	1	潮土、石质土、褐土	0.869	0.966
		2	风沙土	0.633	
		3	棕壤、砂姜黑土、粗骨土	0.506	
		5	红黏土	0.186	

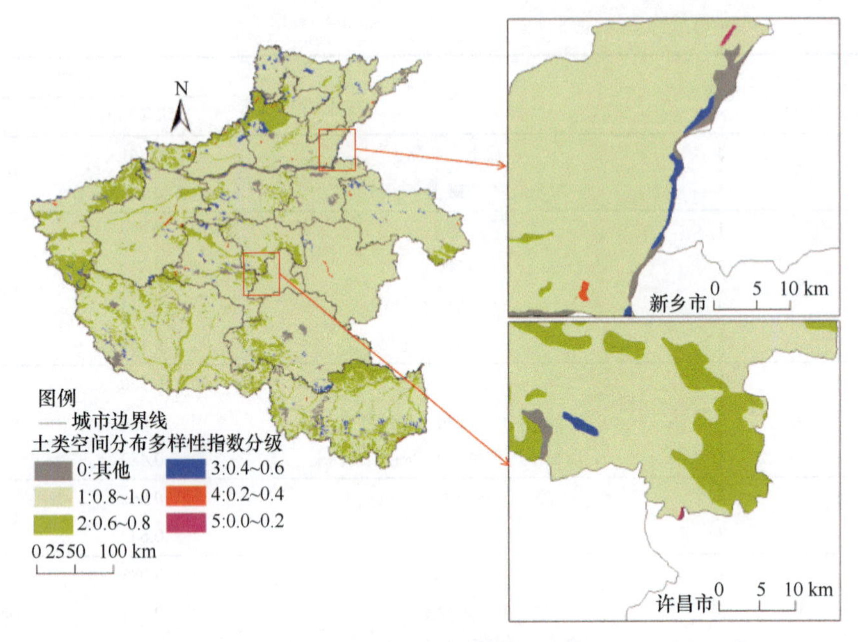

图 10.4　河南省土壤多样性分级图

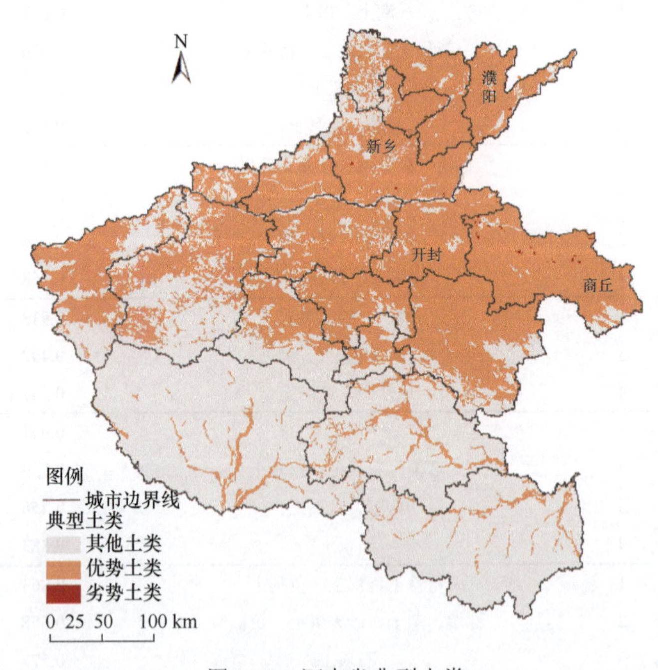

图 10.5　河南省典型土类

10.2.3　土壤、地形与耕地空间分布多样性格局的关联性

选取 1km×1km、5km×5km、10km×10km 三种网格尺度计算耕地的分布变化。由表 10.4 可知：①河南省的优势土类潮土、褐土与耕地的相关性最强，在三种网格尺度下相关系数均接近或大于 0.9；其次，分布在河南南部（南阳、信阳）的黄褐土、砂姜黑

土、水稻土与耕地的相关性次之；与耕地相关性最弱的是河南省的劣势土类碱土和盐土，其中盐土的相关性系数在 10km×10km 网格下仅有 0.342，说明劣势土类上耕地空间分布状况差。②地形与耕地的相关性规律大致为平原>丘陵>盆地>山地，且地形与耕地空间分布格局的关联性整体上较高。③土壤、地形与耕地相关性的共同点是随着网格尺度的增大，相关系数越来越小，网格尺度的变化在一定程度上影响着要素之间的相关关系。

表 10.4　异网格尺度下土壤、地形与耕地的关联分析

土类	1km×1km	5km×5km	10km×10km	地形	1km×1km	5km×5km	10km×10km
潮土	0.998	0.950	0.946	平原	0.998	0.978	0.975
粗骨土	0.837	0.763	0.816	丘陵	0.925	0.858	0.846
风沙土	0.814	0.751	0.741	山地	0.896	0.820	0.802
褐土	0.962	0.900	0.890	盆地	0.930	0.834	0.799
红黏土	0.865	0.787	0.768				
黄褐土	0.957	0.893	0.881				
黄棕壤	0.779	0.698	0.687				
碱土	0.637	0.565	0.572				
砂姜黑土	0.955	0.890	0.880				
石质土	0.810	0.769	0.787				
水稻土	0.918	0.833	0.810				
新积土	0.706	0.613	0.624				
盐土	0.510	0.375	0.342				
紫色土	0.744	0.647	0.627				
棕壤	0.803	0.695	0.651				

表 10.4 反映了河南省的所有土类及地形在不同网格尺度下与耕地的空间分布多样性格局的关联性，为了进一步反映河南省区域自然环境和社会经济发展状况的不同，又将河南省划分出五个次级区域，即豫北、豫中、豫南、豫东、豫西，并以它们为基准，选取 1km×1km 网格进行土壤、地形与耕地的空间分布多样性格局相关性分析。结果表明（图 10.6）：①各区域中优势土类潮土与耕地的相关性整体上最大。②砂姜黑土和石质土在五个区域与耕地的空间分布多样性有不同的相关程度，这与这两类土壤在区域上分布不均匀有关。③劣势土类盐土和碱土仅分布在豫北和豫东的部分地区，因此与耕地的相关性也仅发生在这两个区域，但是相关性较低，为 0.4 左右。④从区域差异看，豫北土壤与耕地的相关性最大的为潮土、最小的为碱土；豫中土壤与耕地的相关性最大的为褐土、最小的为水稻土，相关系数为 0，豫中水稻土分布甚少；豫南土壤与耕地的相关性最大的为黄褐土、最小的为褐土，相关系数为 0；豫东土壤与耕地的相关性最大的为潮土、最小的为石质土；豫西土壤与耕地的相关性最大的为褐土、最小的为风沙土。图 10.7 是河南省五个次级区域地形与耕地的空间分布多样性的相关关系：①豫北和豫中地区的地形与耕地的相关系数为平原>丘陵>山地；而豫南地区有盆地分布，其相关系数表现为平原>盆地>丘陵>山地；豫西则相反，与平原的相关系数最小；豫东仅有平原分布，其与耕地的相关系数在五个区域中最大，为 0.998。②除豫南的山地与耕地的相关系数最小，为 0.406 外，其他整体相对均匀，说明地形与耕地的相关程度较好。

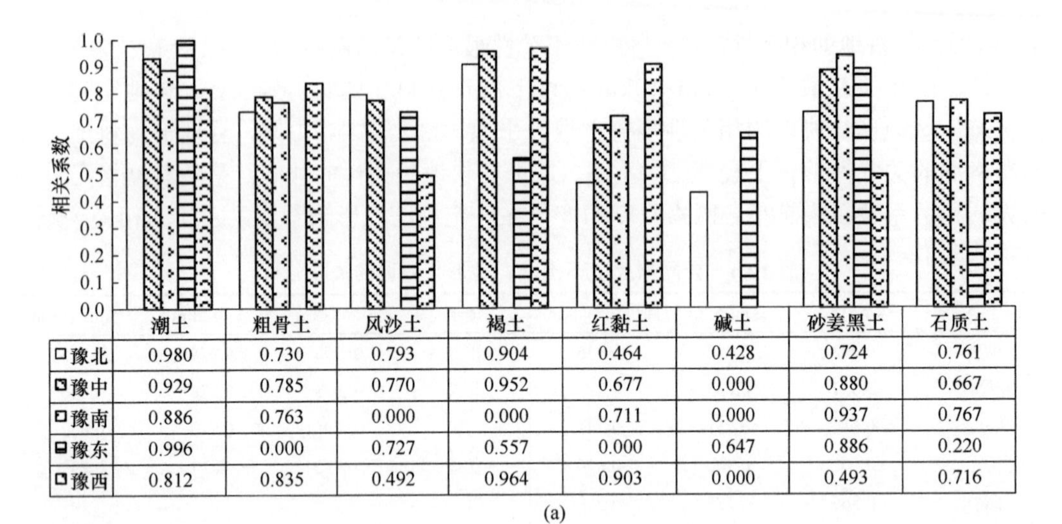

	潮土	粗骨土	风沙土	褐土	红黏土	碱土	砂姜黑土	石质土
豫北	0.980	0.730	0.793	0.904	0.464	0.428	0.724	0.761
豫中	0.929	0.785	0.770	0.952	0.677	0.000	0.880	0.667
豫南	0.886	0.763	0.000	0.000	0.711	0.000	0.937	0.767
豫东	0.996	0.000	0.727	0.557	0.000	0.647	0.886	0.220
豫西	0.812	0.835	0.492	0.964	0.903	0.000	0.493	0.716

(a)

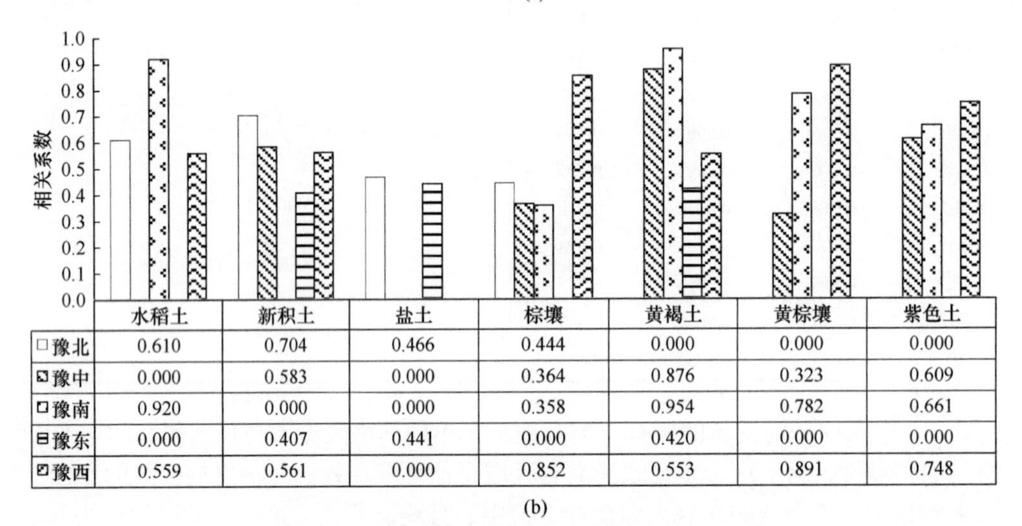

	水稻土	新积土	盐土	棕壤	黄褐土	黄棕壤	紫色土
豫北	0.610	0.704	0.466	0.444	0.000	0.000	0.000
豫中	0.000	0.583	0.000	0.364	0.876	0.323	0.609
豫南	0.920	0.000	0.000	0.358	0.954	0.782	0.661
豫东	0.000	0.407	0.441	0.000	0.420	0.000	0.000
豫西	0.559	0.561	0.000	0.852	0.553	0.891	0.748

(b)

图 10.6　土壤与耕地的空间分布多样性的关联分析

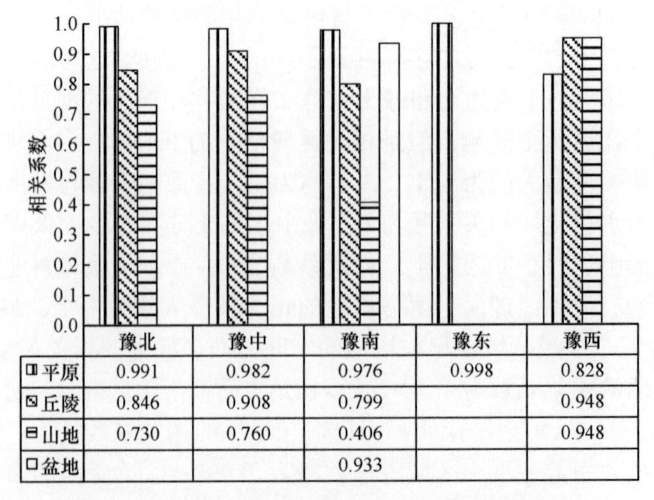

	豫北	豫中	豫南	豫东	豫西
平原	0.991	0.982	0.976	0.998	0.828
丘陵	0.846	0.908	0.799		0.948
山地	0.730	0.760	0.406		0.948
盆地			0.933		

图 10.7　地形与耕地的空间分布多样性的关联分析

综上所述，通过将土壤、地形因子的多样性特征分析及其与耕地空间分布多样性格局变化相结合，探讨了耕地与土壤、地形的多样性格局特征及相关关系，得到了以下主要结论：①地形、土壤的构成组分多样性与各要素的类别数量有一定的相关性，而要素面积大小与其构成组分多样性呈极弱相关性。②河南省 18 个地市的地形、土壤及耕地空间分布多样性格局特征表现为整体均匀状态，不同地区间有所差异。③地形的空间分布多样性与面积大小有较强的相关性，相关系数达 0.80；由土壤空间分布多样性指数分级可得，河南省的优势土类为潮土和褐土，劣势土类为盐土和碱土。④无论是从河南省整体布局来看，还是从五个次级区域来看，地形、土壤的空间分布多样性都与耕地的空间分布多样性密切相关；其中河南省的地形与耕地空间分布多样性关系整体表现为：平原>丘陵>山地，除豫南盆地和豫西丘陵、山地外；河南省的土壤与耕地空间分布多样性相关关系与土壤的空间分布多样性变化整体具有一致性，即随着网格尺度和五个次级区域的改变，土壤与耕地的相关关系与河南省各土类及各区域土类空间分布多样性格局变化具有相似规律。

第 11 章　河南省域土地利用构成组分多样性的特征

土地资源不仅是人类赖以生存和发展的物质基础，而且是社会经济发展的自然载体，对土地资源的合理利用是实现可持续发展的基本保障。自 20 世纪到现在，随着经济的迅速腾飞、人口的快速增长及社会的飞速发展，人类对土地资源的需求空前迫切，从而加剧了人类与土地资源、经济与土地资源之间的矛盾，导致全球范围内土地资源的供需矛盾与人地矛盾更加尖锐。如何保护和合理有效地利用土地资源成为实现可持续发展过程中的一个关键所在。

关于土地利用多样性的研究，以往的相关研究表明，其多以局部样区和较少土地利用要素展开，针对全省范围土地利用构成组分多样性的研究尚未见报道（段金龙和张学雷，2011；Yabuki et al.，2009；钟国敏等，2011；屈永慧等，2014a，2014b，2014c）。本书的研究以河南省为研究区域，基于经典的仙农熵对河南省 6 种土地利用构成组分多样性进行计算与分析。利用遥感（RS）和地理信息系统（GIS）（孙倩等，2012；刘序等，2006）等技术手段，获得高质量的河南省 18 个地市范围内 6 种土地利用的分布情况，进而讨论在各个研究区域内土地利用的构成组分多样性特征，以期为区域经济、环境、土地资源的合理利用等提供参考。

11.1　材料与方法

11.1.1　数据来源与处理

研究所用遥感数据为美国陆地卫星（Landsat-8）的 OLI 影像数据，涵盖河南省域范围所辖的 18 个地市、108 个县（市）（表 11.1），获取季节在 2015 年的 5～9 月，本书旨在研究土地利用构成组分多样性，忽略了时相方面的差异。整个研究区采用的坐标系是 WGS 坐标系，而投影采用的是 UTM 投影。

表 11.1　遥感数据所辖研究区县（市）统计

研究区域	具体研究区范围
安阳市	安阳市市辖区、林州市、安阳县、内黄县、汤阴县
鹤壁市	鹤壁市市辖区、浚县、淇县
济源市	济源市市辖区
焦作市	焦作市市辖区、沁阳市、孟州市、修武县、武陟县、温县、博爱县
开封市	开封市市辖区、尉氏县、兰考县、杞县、通许县

续表

研究区域	具体研究区范围
洛阳市	洛阳市市辖区、偃师市、孟津县、新安县、宜阳县、伊川县、洛宁县、嵩县、栾川县、汝阳县
漯河市	漯河市市辖区、舞阳县、临颍县
南阳市	南阳市市辖区、邓州市、南召县、方城县、西峡县、镇平县、内乡县、淅川县、社旗县、唐河县、新野县、桐柏县
平顶山市	平顶山市市辖区、汝州市、郏县、宝丰县、叶县
濮阳市	濮阳市市辖区、濮阳县、清丰县、南乐县、范县、台前县
三门峡市	三门峡市市辖区、义马市、灵宝市、渑池县、陕州市、卢氏县
商丘市	商丘市市辖区、永城市、民权县、睢县、宁陵县、柘城县、虞城县、夏邑县
信阳市	信阳市市辖区、潢川县、淮滨县、息县、新县、商城县、固始县、罗山县、光山县
新乡市	新乡市市辖区、卫辉市、辉县市、新乡县、获嘉县、原阳县、延津县、封丘县、长垣县
许昌市	许昌市市辖区、禹州市、长葛市、建安区、鄢陵县、襄城县
郑州市	郑州市市辖区、巩义市、登封市、荥阳市、新密市、新郑市、中牟县
周口市	周口市市辖区、扶沟县、西华县、商水县、太康县、鹿邑县、郸城县、淮阳县、沈丘县、项城市
驻马店市	驻马店市市辖区、确山县、汝南县、西平县、泌阳县、上蔡县、新蔡县、遂平县、正阳县、平舆县

利用遥感软件 ENVI 4.8 将研究的 OLI 影像进行土地利用类型的分类，本次研究基于《土地利用现状分类》国家标准（2007 版）并结合研究区实际，将土地利用类型分为：城镇建筑用地、水域及水利设施用地、耕地、工矿仓储用地、交通运输用地、林地 6 类。首先选取 OLI 影像的 6 波段、5 波段、4 波段三个波段进行影像的合成，对合成后的影像进行校正、图像增强、监督分类等。在监督分类过程中采用最大似然法对研究区分类，结合 Google Earth 高清地图对影像进行比照和校正。在 ArcGIS10.3 软件中，导入监督分类后的结果（图 11.1），将 6 种土地利用类型的数据导出，并在 Excel 中利用经典的仙农熵公式进行相关的计算。

11.1.2　研 究 方 法

（1）多样性测度方法。其计算公式与 2.3.3 节土壤和地形地貌多样性中的式（2.1）和式（2.2）保持一致，它们分别表示土地利用多样性分散程度和土地利用类型在研究区内分布的均匀程度。

（2）拟合函数分析。相关性分析主要研究变量之间的相关关系，并从诸多变量中判断显著和不显著变量，进行相关性分析之后，还可以用回归分析、因子分析等方法做更进一步的分析和预测。本次研究所用到的多项式拟合函数来分析变量之间的相关性的理论基础是最小二乘法，利用最小二乘法分析拟合变量之间的关系。

拟合多项式为

$$y = a_0 + a_1 x + \cdots + a_k x^k \tag{11.1}$$

平均决定系数 R^2：

$$R^2 = \sum_{i=1}^{n}\left[y_i - \left(a_0 + a_1 x_i + \cdots + a_k x_i^k \right) \right]^2 \tag{11.2}$$

式中，R^2 为描述拟合曲线的拟合程度重要指标，其取值区间为[0，1]，R^2 值越大，拟合程度越高，拟合效果越好。

对式（11.2）等号右边的 a_i 求偏导并化简，矩阵形式为

$$\begin{bmatrix} n & \sum_{i=1}^{n} x_i & \cdots & \sum_{i=1}^{n} x_i^k \\ \sum_{i=1}^{n} x_i & \sum_{i=1}^{n} x_i^2 & \cdots & \sum_{i=1}^{n} x_i^k \\ \vdots & \vdots & & \vdots \\ \sum_{i=1}^{n} x_i^k & \sum_{i=1}^{n} x_i^{k+1} & \cdots & \sum_{i=1}^{n} x_i^{2k} \end{bmatrix} \begin{bmatrix} a_0 \\ a_1 \\ \vdots \\ a_k \end{bmatrix} = \begin{bmatrix} \sum_{i=1}^{n} y_i \\ \sum_{i=1}^{n} y_i \\ \vdots \\ \sum_{i=1}^{n} y_i \end{bmatrix} \tag{11.3}$$

可用高斯迭代法将未知参数求出，从而求得回合函数。

（3）关联分析。关联分析主要用来分析研究区内各个变量之间的相关关系，以找出影响较大的自变量以及对因变量的影响程度。本次研究中 A 为土地利用类型所占的面积比例，B 为均匀度指数。其具体计算公式与 2.3.6 节资源分布的关联性中的式（2.7）和式（2.8）保持一致。

11.2　土地利用构成组分多样性的特征

11.2.1　河南省土地利用类型的监督分类

在 ENVI 4.8 软件中对河南省所辖的 18 个地市的土地利用类型进行监督分类，监督分类结果如图 10.2、图 11.1、图 11.2 和表 11.2 所示。从监督分类的结果可知全省各土地利用类型的分布态势，西部有较多的林地集中分布，而耕地则主要分布在中部和东部，这显然与省内地形地貌、气候因素、地表水体等自然条件有密切关系；水域及水利设施用地主要分布在西南地区，南水北调中线的水源丹江口水库起源于此；城镇建筑用地的分布较不均一，斑块面积较大的是郑州市，而西部地区城镇建筑用地较少；交通运输用地和工矿仓储用地在各地区均有分布，其受多种因素的影响制约而多寡不一。

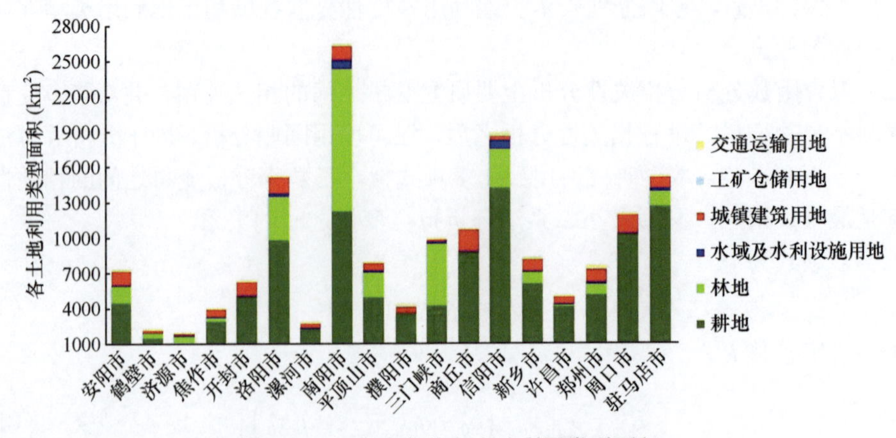

图 11.1　河南省各地市土地利用类型面积

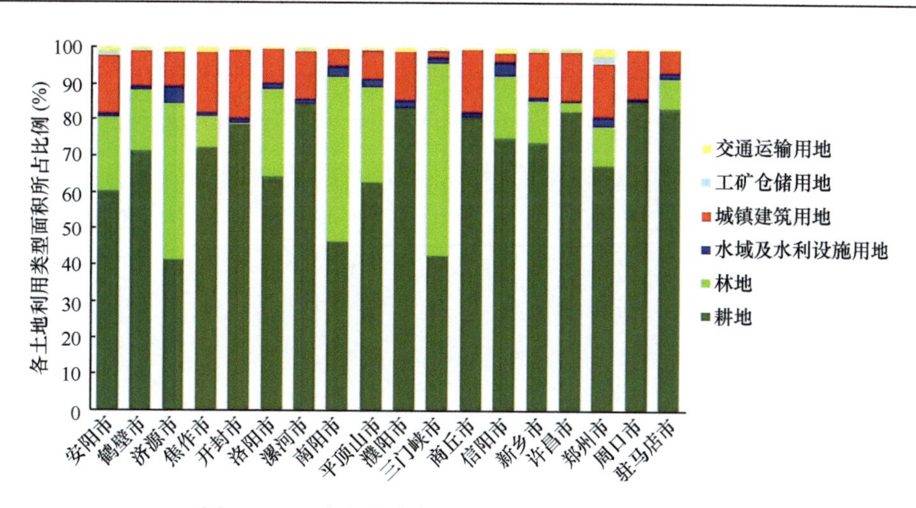

图 11.2　河南省各地市土地利用类型面积所占比例

表 11.2　河南省各土地利用类型面积和所占比例

地市	土地利用类型	面积（km^2）	所占比例
安阳市	城镇建筑用地	1186.841	0.16114
	工矿仓储用地	72.214	0.00981
	耕地	4468.086	0.60664
	交通运输用地	101.722	0.01385
	水域及水利设施用地	70.291	0.00954
	林地	1465.844	0.19902
鹤壁市	城镇建筑用地	214.785	0.10022
	工矿仓储用地	2.153	0.00100
	耕地	1534.095	0.71580
	交通运输用地	15.264	0.00712
	水域及水利设施用地	18.984	0.00886
	林地	357.905	0.16700
济源市	城镇建筑用地	174.692	0.09224
	工矿仓储用地	4.758	0.00251
	耕地	785.104	0.41455
	交通运输用地	21.591	0.01140
	水域及水利设施用地	90.324	0.04769
	林地	817.403	0.43160
焦作市	城镇建筑用地	659.102	0.16707
	工矿仓储用地	2.523	0.00064
	耕地	2856.244	0.72399
	交通运输用地	47.075	0.01193
	水域及水利设施用地	40.947	0.01038
	林地	339.248	0.08599
开封市	城镇建筑用地	1197.278	0.19012
	工矿仓储用地	2.295	0.00036
	耕地	4970.686	0.78933

续表

地市	土地利用类型	面积（km^2）	所占比例
开封市	交通运输用地	42.554	0.00676
	水域及水利设施用地	78.998	0.01254
	林地	5.571	0.00088
洛阳市	城镇建筑用地	1446.125	0.09493
	工矿仓储用地	7.647	0.00050
	耕地	9862.240	0.64742
	交通运输用地	37.234	0.00244
	水域及水利设施用地	253.434	0.01664
	林地	3626.448	0.23806
漯河市	城镇建筑用地	355.750	0.13163
	工矿仓储用地	10.760	0.00398
	耕地	2281.757	0.84425
	交通运输用地	18.472	0.00683
	水域及水利设施用地	30.080	0.01113
	林地	5.869	0.00217
南阳市	城镇建筑用地	1265.678	0.04787
	工矿仓储用地	8.866	0.00034
	耕地	12290.435	0.46485
	交通运输用地	99.253	0.00375
	水域及水利设施用地	724.926	0.02742
	林地	12050.290	0.45577
平顶山市	城镇建筑用地	608.810	0.07699
	工矿仓储用地	19.946	0.00252
	耕地	4979.836	0.62977
	交通运输用地	37.603	0.00476
	水域及水利设施用地	191.064	0.02416
	林地	2070.186	0.26180
濮阳市	城镇建筑用地	567.432	0.13510
	工矿仓储用地	4.223	0.00101
	耕地	3513.042	0.83644
	交通运输用地	34.643	0.00825
	水域及水利设施用地	80.136	0.01908
	林地	0.520	0.00012
三门峡市	城镇建筑用地	187.315	0.01892
	工矿仓储用地	37.325	0.00377
	耕地	4230.541	0.42738

续表

地市	土地利用类型	面积（km^2）	所占比例
三门峡市	交通运输用地	29.950	0.00303
	水域及水利设施用地	162.144	0.01638
	林地	5251.547	0.53052
商丘市	城镇建筑用地	1874.024	0.17509
	工矿仓储用地	3.813	0.00035
	耕地	8674.038	0.81043
	交通运输用地	22.521	0.00210
	水域及水利设施用地	117.127	0.01094
	林地	11.520	0.00108
信阳市	城镇建筑用地	436.424	0.02308
	工矿仓储用地	20.882	0.00110
	耕地	14219.910	0.75212
	交通运输用地	238.852	0.01263
	水域及水利设施用地	715.896	0.03787
	林地	3274.469	0.17319
新乡市	城镇建筑用地	1042.726	0.12645
	工矿仓储用地	28.310	0.00343
	耕地	6113.530	0.74137
	交通运输用地	41.929	0.00508
	水域及水利设施用地	91.022	0.01104
	林地	928.798	0.11263
许昌市	城镇建筑用地	675.328	0.13557
	工矿仓储用地	13.306	0.00267
	耕地	4114.983	0.82604
	交通运输用地	29.827	0.00599
	水域及水利设施用地	28.274	0.00568
	林地	119.840	0.02406
郑州市	城镇建筑用地	1141.170	0.15006
	工矿仓储用地	133.600	0.01757
	耕地	5155.908	0.67798
	交通运输用地	177.887	0.02339
	水域及水利设施用地	184.065	0.02420
	林地	812.154	0.10680
周口市	城镇建筑用地	1603.714	0.13396
	工矿仓储用地	10.482	0.00088
	耕地	10212.637	0.85309

续表

地市	土地利用类型	面积（km²）	所占比例
周口市	交通运输用地	44.898	0.00375
	水域及水利设施用地	91.258	0.00762
	林地	8.318	0.00069
驻马店市	城镇建筑用地	933.417	0.06180
	工矿仓储用地	10.788	0.00071
	耕地	12639.034	0.83679
	交通运输用地	56.530	0.00374
	水域及水利设施用地	227.929	0.01509
	林地	1236.501	0.08186

由图 11.1、图 11.2 和表 11.2 可以看出，省内耕地所占比例最高，其中周口市耕地比例为 0.85309，系全省最高，比例最低的是济源市，为 0.41455；林地主要分布在北部的安阳市、济源市、焦作市、新乡市以及西部的洛阳市、三门峡市，南部的信阳市、南阳市、驻马店市等地，其中三门峡市林地面积比例为 0.53052，远高于全省的平均水平 0.18365；水域及水利设施用地在全省的分布较为平均，豫南南阳市、信阳市分布较多；呈面状分布的城镇建筑用地和工矿仓储用地的分布差异性较大，安阳市、焦作市、商丘市、郑州市等地的城镇建筑用地所占比例均超过 10%，而工矿仓储用地面积最大的为郑州市；交通运输用地在平原地区的分布相对于山区较均匀，郑州市和信阳市居前列。

11.2.2 土地利用构成组分多样性

土地利用构成组分多样性主要用到了多样性指数（H'）、丰富度指数（S）和均匀度指数（E）这三个指标［式（2.1）和式（2.2）］，18 个地市的土地利用结构类型齐全，6 种土地利用类型均有分布，丰富度指数都为 6。研究区内 18 个地市的各个土地利用类型面积和构成组分多样性结果见表 11.3，虽然各地区土地利用类型的丰富度指数相同，但是各种土地利用类型空间分布的差异、各个土地利用类型所占比例的不同，造成土地利用构成组分多样性出现明显差异。

表 11.3 河南省土地利用构成组分多样性统计

地市	总面积（km²）	多样性指数（H'）	丰富度指数（S）	均匀度指数（E）
安阳市	7358.494	1.06766	6	0.59587
鹤壁市	2143.187	0.85278	6	0.47594
济源市	1893.873	1.15871	6	0.64669
焦作市	3945.138	0.84871	6	0.47368
开封市	6297.382	0.60015	6	0.33495
洛阳市	15223.845	0.93333	6	0.52090
漯河市	2702.687	0.52930	6	0.29541
南阳市	26439.45	0.98197	6	0.54805

续表

地市	总面积（km^2）	多样性指数（H'）	丰富度指数（S）	均匀度指数（E）
平顶山市	7907.445	0.96996	6	0.54134
濮阳市	4199.996	0.54299	6	0.30305
三门峡市	9898.822	0.88062	6	0.49148
商丘市	10706.254	0.54799	6	0.30584
信阳市	18906.430	0.79161	6	0.44181
新乡市	8246.314	0.82537	6	0.46065
许昌市	4981.559	0.59426	6	0.33166
郑州市	7604.784	1.03591	6	0.57815
周口市	11971.31	0.47418	6	0.26464
驻马店市	15104.2	0.61540	6	0.34346

以多样性指数和丰富度指数计算得出的均匀度指数通常是表达构成多样性的主要指标，由表 11.3 可知，省内土地利用均匀度指数的范围在[0.26464，0.64669]，将小于 0.3 的划为不均匀，大于 0.5 的划为较为均匀。本次研究中小于 0.3 不均匀的有漯河市和周口市两个地市，大于 0.5 较为均匀的有安阳市、济源市、洛阳市、南阳市、平顶山市、郑州市 6 个地市，0.3～0.5 中等均匀程度的有鹤壁市、焦作市、开封市、濮阳市、三门峡市、商丘市、信阳市、新乡市、许昌市、驻马店市 10 个地市，符合正态分布。通过各地市内各个土地利用类型所占比例可以看出，均匀度指数最小值 0.26464 的周口市，其耕地面积比例高达 0.85309，相对于其他 5 种土地利用类型占有绝对优势，因此在土地利用构成组分的表现是土地利用相对单一；相反地，土地利用分布相对均匀的济源市，其耕地所占比例较低，为 0.41455，林地也有一定的比例，为 0.43160，在较小的市域面积内各种土地利用类型分布相对较为均衡，也是 18 个地市中土地利用构成组分均匀度指数最高者（0.64669）。但总的来讲，河南省各个地市土地利用类型的分布均匀程度不算高，结合表 11.2 可知，研究区仍以耕地和林地等农用地为主，这也是河南省作为农业大省土地利用多样性的基本特征。

11.2.3　土地利用类型与均匀度指数的关联分析

1. 函数拟合分析

由于表征构成组分多样性指数的均匀度指数（E）同时受到 6 种土地利用类型的影响，为了研究该影响程度，分别对城镇建筑用地、耕地、工矿仓储用地、交通运输用地、林地、水域及水利设施用地等类型与均匀度指数进行相关分析，用二次多项式函数进行拟合［式（11.1）～式（11.3）］（图 11.3～图 11.8），可以直观地反映 6 种土地利用类型对土地利用构成组分多样性的影响。

分析图 11.3～图 11.8 可知，6 种土地利用类型与均匀度指数之间的平均决定系数 R^2 的取值为[0.1798，0.8882]，其中耕地与均匀度指数之间的平均决定系数 R^2=0.8882，拟合程度最高，城镇建筑用地与均匀度指数之间的平均决定系数 R^2=0.1798，拟合程度

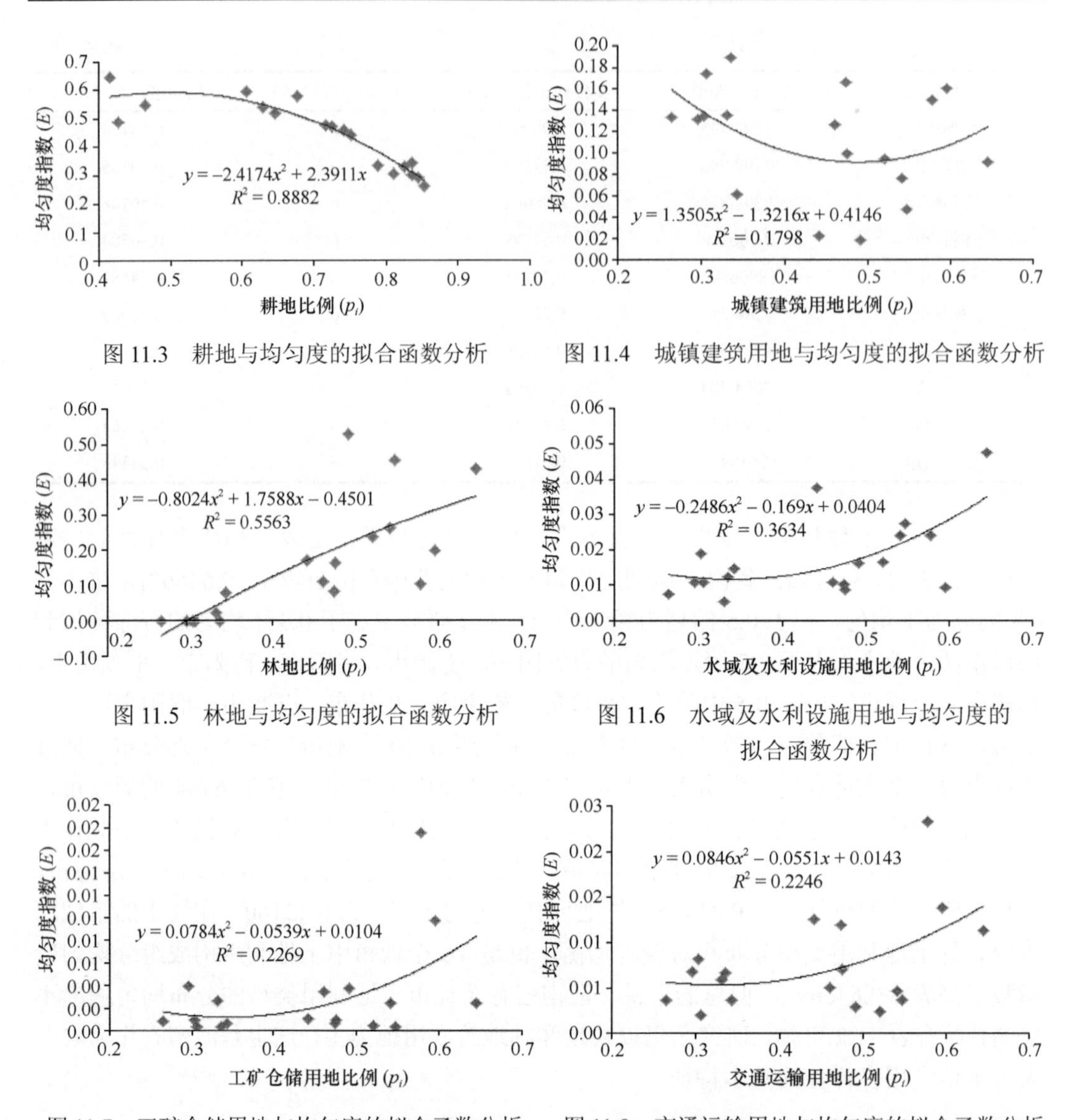

图 11.3　耕地与均匀度的拟合函数分析

图 11.4　城镇建筑用地与均匀度的拟合函数分析

图 11.5　林地与均匀度的拟合函数分析

图 11.6　水域及水利设施用地与均匀度的拟合函数分析

图 11.7　工矿仓储用地与均匀度的拟合函数分析

图 11.8　交通运输用地与均匀度的拟合函数分析

最低，反映出在以耕地为主的河南省 18 个地市中，耕地对土地利用多样性格局的影响较为明显，而城镇建筑用地在各地市中的比例都较低且集中，对整体土地利用多样性格局的影响较小，其在某种程度上反映出河南省农村城镇化的必要性。

2. 关联分析

为了更好地研究不同土地利用类型对土地利用构成组分多样性的影响程度，以及验证利用拟合函数方法研究土地利用类型对均匀度指数拟合的可行性，因此引入相关分析的方法［式（2.1）和式（2.2）］分析土地利用类型与均匀度指数之间的关系，结果见表 11.4。

表 11.4　土地利用类型与均匀度指数的关联分析结果

A	B	关联系数				
		r_l（A，B）	r_l（ln$A$，B）	r_l（A，ln$B$）	r_l（ln$A$，ln$B$）	r（A，B）
耕地	均匀度指数	0.835**	0.787**	0.822**	0.769**	0.835**
城镇建筑用地		–0.295	–0.324	–0.240	–0.277	0.324
工矿仓储用地		0.428	0.401	0.398	0.373	0.428
交通运输用地		0.438	0.418	0.370	0.354	0.438
林地		0.744**	0.744**	0.835**	0.866**	0.866**
水域及水利设施用地		0.545*	0.519*	0.543*	0.529*	0.545*

*表示在 0.05 水平上显著相关，**表示在 0.01 水平上显著相关。

由表 11.4 可知，耕地与均匀度指数的关联性较高，城镇建筑用地与均匀度指数的关联性较低，这与拟合函数分析的结果较为一致；与拟合函数分析结果相比，林地对均匀度指数的影响最为明显，二者的相关系数最高，为 0.866，大于耕地与均匀度指数的相关系数 0.835；而呈线状分布的交通运输用地与水域及水利设施用地和均匀度指数之间的相关性也明显提高，其为分析线状土地利用类型与土地利用构成组分多样性之间的关系提供了新的研究思路。

综上所述，运用 ArcGIS10.3 和 ENVI 4.8 操作软件并结合 GIS/RS 技术，对河南省土地利用的构成组分多样性进行研究，对 6 种土地利用类型与均匀度指数做相关性分析，主要得出以下结论。

（1）河南省 18 个地市的土地利用类型中，除济源市、三门峡市林地所占比例最高外，其他地市均是耕地所占比例最高，其中周口市耕地比例为 0.85309，居第一，济源市、三门峡市耕地所占比例较低，这与省内地形、地貌等自然因素与社会、经济发展等人为因素有密切关系。

（2）在对 18 个地市的土地利用构成组分多样性的研究中用到了经典的仙农熵公式，以表征不同土地利用构成的均匀程度。均匀度指数最高的是济源市（0.64669），6 种土地利用类型所占比例较为均匀；而均匀度指数最低的是周口市（0.26464），这显然由其耕地面积占据绝对优势所致。

（3）运用多项拟合函数对土地利用的 6 种类型与均匀度指数进行拟合，耕地与均匀度指数的平均决定系数最高，拟合效果最好。利用 SPSS 得出的 6 种土地利用类型与均匀度指数的相关分析结果与拟合函数分析的结果大致相同，但是相关分析的方法效果更好。

参 考 文 献

安小艳. 2015. 天山山区地形对降水空间分布的影响研究. 石河子: 石河子大学.

毕如田, 杜佳莹, 柴亚飞. 2013. 基于DEM的涞水河流域土壤多样性研究. 土壤通报, 44(2): 266-270.

陈定贵, 周德民, 吕宪国. 2008. 长春城市发展过程中地表水体空间格局演变特征. 吉林大学学报(地球科学版), 38(3): 437-443.

陈杰, 张学雷, 龚子同, 等. 2001a. 土壤多样性的概念及其争议. 地球科学进展, 16(2): 189-193.

陈杰, 张学雷, 赵文君, 等. 2001b. 土壤多样性及其测度——以海南省不同母岩上发育的土壤为例. 地理科学, 21(2): 145-151.

陈业裕, 黄昌发. 1994. 应用地貌学. 上海: 华东师范大学出版社.

陈永林, 谢炳庚, 李晓青. 2016. 长沙市土地利用格局变化的空间粒度效应. 地理科学, 36(4): 564-570.

承志荣. 2013 .江苏省水土保持区划研究. 南京: 南京农业大学.

程维明, 柴慧霞, 方月, 等. 2012. 基于水资源分区和地貌特征的新疆耕地资源变化分析. 自然资源学报, 27(11): 1809-1822.

段金龙. 2013. 水土资源分布多样性格局、时空变化及关联分析. 郑州: 郑州大学.

段金龙, 李卫东, 张学雷. 2015a. 地表水体空间分布多样性的实用性与科学性验证. 农业机械学报, 46(2): 162-167.

段金龙, 李卫东, 张学雷, 等. 2015b. 水体空间分布多样性分析的网格尺度研究. 水文, 35(6): 19-23.

段金龙, 屈永慧, 张学雷. 2013. 地表水空间分布与土壤类别多样性关联分析. 农业机械学报, 44(6): 110-115.

段金龙, 张学雷. 2011. 基于仙农熵的土壤多样性和土地利用多样性关联评价. 土壤学报, 48(5): 893-903.

段金龙, 张学雷. 2012a. 中国中、东部典型样区土壤与水体多样性关联分析. 水科学进展, 23(5): 635-641.

段金龙, 张学雷. 2012b. 区域地表水体、归一化植被指数与热环境多样性格局的关联分析.应用生态学报, 23(10): 2812-2820.

段金龙, 张学雷. 2013. 中国中、东部典型省会和县域土壤与土地利用多样性关联的对比研究. 地理科学, 33(2): 195-202.

段金龙, 张学雷. 2014. 土壤空间分布多样性研究中网格尺寸的选取策略. 土壤, 46(5): 961-966.

段金龙, 张学雷, 李卫东, 等. 2014. 土壤多样性理论与方法在中国的应用与发展. 地球科学进展, 29(9): 995-1002.

冯湘兰. 2010. 景观格局指数相关性粒度效应研究. 长沙: 中南林业科技大学.

付颖, 徐新良, 通拉嘎, 等. 2014. 近百年来北京市地表水体时空变化特征及驱动力分析. 资源科学, 36(1): 75-83.

龚子同. 1999. 中国土壤系统分类: 理论方法实践. 北京: 科学出版社.

龚子同, 陈鸿昭, 张甘霖. 2015. 寂静的土壤. 北京: 科学出版社.

郭冠华, 陈颖彪, 魏建兵, 等. 2012. 粒度变化对城市热岛空间格局分析的影响. 生态学报, 32(12): 3764-3772.

郭漩, 任圆圆, 张学雷. 2017. 基于不同空间粒度的土壤和地表水体分布多样性及其相关性分析. 河南农业科学, 46(4): 55-60.

郭元裕. 2015. 农田水利学. 北京: 中国水利水电出版社.

河南省土壤普查办公室. 2004. 河南土壤. 北京: 中国农业出版社.
黄莉新. 2007. 江苏省水资源承载能力评价. 水科学进展, 18(6): 879-883.
姜秋香, 付强, 王子龙, 等. 2011. 三江平原水土资源空间匹配格局. 自然资源学报, 26(2): 270-277.
江苏省土壤普查鉴定委员会. 1965. 江苏土壤志. 南京: 江苏人民出版社.
李秀灵. 2009. 河南省水资源短缺现状及对策. 水电能源科学, 27(6): 32-33.
凌红波, 许海量, 乔木, 等. 2010. 1958-2006年玛纳斯河流域水系结构时空演变及驱动机制分. 地理科学进展, 29(9): 1129-1136.
刘锦, 李慧, 方韬, 等. 2015. 淮河中游北岸地区"四水"转化研究. 自然资源学报, 30(9): 1570-1581.
刘序, 陈美球, 陈文波, 等. 2006. 鄱阳湖地区1985-2000年土地利用格局变化及其社会经济驱动力研究 Ⅰ. 土地利用格局空间变化分析. 安徽农业大学学报, 33(1): 117-122.
刘彦随, 甘红, 张富刚. 2006. 中国东北地区农业水土资源匹配格局. 地理学报, 61(8): 847-854.
龙永红. 2009. 概率论与数理统计. 第3版. 北京: 高等教育出版社.
陆红飞, 郭相平, 甄博, 等. 2016. 旱涝交替胁迫条件下粳稻叶片光合特性. 农业工程学报, 32(8): 105-112.
陆彦椿, 张俊民, 单光宗, 等. 2002. 江苏省志·土壤志. 南京: 凤凰出版社.
穆广杰. 2011. 河南省水资源可持续利用指标体系构建. 地域研究与开发, 30(5): 135-137.
彭致功, 刘钰, 许迪, 等. 2014. 基于RS数据和GIS方法的冬小麦生产函数估算. 农业机械学报, 45(8): 167-171.
齐少华, 张学雷, 段金龙. 2013. 河南省地表水时空分布特征研究. 河南农业科学, 42(11): 64-67.
邱士可, 鲁鹏. 2013. 河南伊洛河流域更新世地貌演变及驱动评述. 地理与地理信息科学, 29(3): 96-100.
屈永慧, 张学雷, 段金龙. 2014a. 河南省典型样区地表水分布多样性研究. 人民黄河, 36(4): 47-49.
屈永慧, 张学雷, 段金龙. 2014b. 豫中典型样区土地利用多样性的空间分异及关联分析. 安徽农业大学学报, 02: 253-259.
屈永慧, 张学雷, 任圆圆, 等. 2014c. 土壤空间分布多样性与景观指数的关联分析. 土壤通报, 45(6): 1281-1288.
任圆圆, 张学雷. 2014. 不同空间粒度下地表水体分布格局多样性的研究. 农业机械学报, 46(4): 168-175.
任圆圆, 张学雷. 2015a. 土壤多样性研究趋势与未来挑战. 土壤学报, 52(1): 9-18.
任圆圆, 张学雷. 2015b. 中国中、东部典型县域土壤与地表水体多样性的粒度效应及关联分析. 土壤学报, 52(6): 1237-1250.
任圆圆, 张学雷. 2017a. 以地形为基础的河南省域土壤多样性的格局. 土壤通报, 48(1): 22-31.
任圆圆, 张学雷. 2017b. 河南省地形、土壤和地表水体多样性格局特征. 土壤学报, 54(3): 590-600.
任圆圆, 张学雷. 2018. 从土壤多样性到地多样性的研究进展. 土壤, 50(02): 225-230.
申卫军, 邬建国, 林永标, 等. 2003. 空间粒度变化对景观格局分析的影响. 生态学报, 23(12): 2506-2519.
沈兴厚. 2005. 河南省水资源保护规划. 南京: 河海大学.
史舟, 李艳. 2006. 地统计学在土壤中的应用. 北京: 中国农业出版社.
孙倩, 塔西甫拉提·特衣拜, 张飞, 等. 2012. 渭干河–库车河三角洲绿洲土地利用/覆被时空变化遥感研究. 生态学报, 32 (10): 3252-3264.
孙燕瓷, 张学雷, 陈杰, 等. 2005a. 土壤多样性的概念、方法与研究进展. 土壤通报, 36(6): 954-958.
孙燕瓷, 张学雷, 陈杰. 2005b. 城市化对苏州地区土壤多样性的影响. 应用生态学报, 16(11): 2060-2065.
檀满枝, 张学雷, 陈杰, 等. 2002. 山东省1∶100万SOTER数据库支持下土壤多样性的初步测度. 山东农业大学学报, 33(4): 422-427.
檀满枝, 张学雷, 陈杰, 等. 2003. SOTER数据库支持下以地形为基础的土壤多样性分析——以山东省为例. 土壤通报, 34(2): 85-89.
汤国安, 宋佳. 2006. 基于 DEM 坡度制图中坡度分级方法的比较研究. 水土保持学报, 20(2): 157-160.
王兵, 臧玲. 2007. 伊洛河流域开发战略研究. 地域研究与开发, 26(6): 53-56.
王聃同, 袁春, 张寅玲. 2013. 县域土地覆盖景观特征的粒度效应研究. 内蒙古农业大学学报, 34(5): 35-41.
王红旗. 2000. 西部开发战略中的地形资源与水资源关系. 西部开发, 7(133): 18-20.
王万同, 钱乐祥. 2012. 基于 MODIS 数据的伊洛河流域地表蒸散空间和年内变化特征. 资源科学, 34(8): 1582-1590.
邬建国. 2007. 景观生态学——格局过程、尺度与等级. 北京: 高等教育出版社.
吴次方, 宋戈. 2009. 土地利用学. 北京: 科学出版社.
夏军, 翟金良, 占车生. 2011. 我国水资源研究与发展的若干思考. 地球科学进展, 26(9): 905-915.
肖德安, 王世杰. 2009. 土壤水研究进展与方向评述. 生态环境学报, 18(3): 1182-1188.
徐丽, 卞晓庆, 秦小林, 等. 2010. 空间粒度变化对合肥市景观格局指数的影响. 应用生态学报, 21(5): 1167-1173.
许丽萍. 2014. 不同斑块类型粒度效应的比较研究——以无锡市为例. 南京: 南京农业大学.
袁雯, 杨凯, 吴建平. 2007. 城市化进程中平原河网地区河流结构特征及其分类方法探讨. 地理科学, 27(3): 401-407.
张德祯, 徐世民. 1993. 大气水—地表水—土壤水—地下水相互转化关系的试验研究. 水文地质工程地质, 5: 36-38.
张健枫, 伍永秋, 潘美慧, 等. 2013. 长江上游地貌特征与水系结构关系分析. 资源科学, 35(3): 496-504.
张利平, 夏军, 胡志芳. 2009. 中国水资源状况与水资源安全问题分析. 长江流域资源与环境, 18(2): 116-120.
张庆印, 樊军. 2013. 高精度遥感影像下农牧交错带小流域景观特征的粒度效应. 生态学报, 33(24): 7739-7747.
张学雷. 2014. 土壤多样性: 土壤地理学研究的契机. 土壤, 46(1): 1-6.
张学雷, 陈杰, 龚子同. 2004. 土壤多样性理论在欧美的实践及在我国土壤景观研究中的应用前景. 生态学报, 24(5): 1063-1072.
张学雷, 陈杰, 檀满枝, 等. 2003a. 土壤多样性理论方法的新近发展与应用. 地球科学进展, 18(3): 374-379.
张学雷, 陈杰, 张甘霖. 2003b. 海南岛不同地形上土壤性质的多样性分析. 地理学报, 58(6): 839-844.
张学雷, 屈永慧, 任圆圆, 等. 2014. 土壤、土地利用多样性及其与相关景观指数的关联分析. 生态环境学报, 23(6): 923-931.
张学雷, 王辉, 张薇, 等. 2008. 土壤系统分类与生物系统分类体系中的多样性特征对比分析.土壤学报, 45(1): 1-8.
赵晨, 王远, 谷学明, 等. 2013. 基于数据包络分析的江苏省水资源利用效率. 生态学报, 33(5): 1636-1644.
赵斐斐, 张学雷, 任圆圆, 等. 2015. 土地利用多样性与热力景观多样性的特征分析. 环境科学与技术, 38(11): 42-48.
赵明松, 张甘霖, 王德彩, 等. 2013. 徐淮黄泛平原土壤有机质空间变异特征及中控因素分析. 土壤学报, 50(1): 1-11.
中国科学院南京土壤研究所土壤系统分类课题组, 中国土壤系统分类课题研究协作组. 2001. 中国土壤系统分类检索. 第 3 版. 合肥: 中国科学技术大学出版社.
中华人民共和国国家统计局. 2013. 中国统计年鉴 2013. http: //www.stats.gov.cn/tjsj/ndsj/2016/indexch.htm [2017-10-15].
中华人民共和国国家统计局. 2014. 中国统计年鉴. 2014. http: //www.stats.gov.cn/tjsj/ndsj/2016/

indexch.htm [2017-10-15].
中华人民共和国国家统计局. 2015. 中国统计年鉴. 2015. http: //www.stats.gov.cn/tjsj/ndsj/2016/ indexch.htm [2017-10-15].
钟国敏, 张学雷, 段金龙. 2011. 利用马尔科夫过程预测郑州市土地利用的动态演变. 河南农业大学学报, 06: 696-700.
钟国敏, 张学雷, 段金龙, 等. 2013. 郑州市土壤多样性和土地利用多样性研究及关联分析. 土壤通报, 44(3): 513-520.
周婷, 彭少麟. 2008. 边缘效应的空间尺度与测度. 生态学报, 28(7): 3322-3333.
朱明, 濮励杰, 李建龙. 2008. 遥感影像空间分辨率及粒度变化对城市景观格局分析的影响. 生态学报, 28(6): 2753-2763.
Amundson R Y, Guo P, Gong P. 2003. Soil diversity and land use in the United States. Ecosystems, 6: 470-482.
Arnett R R, Conacher A J. 1973. Drainage basin expansion and the nine unit landsurface model. Aus, Geoprapher, 12: 237-249.
Beckett P H T, Bie S W. 1978. Use of Soil and Land-System Maps to Provide Soil Information in Australia. Melbourne, Australia: CSIRO Division of Soil Technical Paper No.33. Commonwealth Scientific and Industrial Research Organization.
Caniego F J, Ibáñez J J, Martinez F S J. 2007. Rényi dimensions and pedodiversity indices of the earth pedotaxa distribution, Nonlin. Processes Geophys, 14: 547-555.
Caniego F J, Ibáñez J J, San-José F. 2006. Selfsimilarity of pedotaxa distributions at planetary level: A multifractal approach. Geoderma, 134: 306-317.
Costantini E A C, L'Abate G. 2009. The soil cultural heritage of Italy: Geodatabase, maps, and pedodiversity evaluation. Quaternary International, 209: 142-153.
Dazzi C, Lo Papa G, Palermo V. 2009. Proposal for a new diagnostic horizon for WRB Anthrosols. Geoderma, 151: 16-21.
Feoli E, Orlóci L. 2011. Can similarity theory contribute to the development of a general theory of the plant community? Community Ecology, 12: 135-141.
Fridland V M. 1974. Structure of the soil mantle. Geoderma, 12: 35-41.
Fu T G, Han L P, Gao H, et al. 2018. Pedodiversity and its controlling factors in mountain regions-A case study of Taihang Mountain, China. Geoderma, 310: 230-237.
Gray M . 2004. Geodiversity: Valuing and Conserving Abiotic Nature. Chichester: Wiley.
Guo Y, Gong P, Amundson R. 2003a. Pedodiversity in the United States of America. Geoderma, 117: 99-115.
Guo Y Y, Amundson R, Gong P, et al. 2003b. Taxonomic structure, distribution, and abundance of the soils in the USA. Soil Science Society of America, 67: 1507-1516.
Haines Y R, Chopping M. 1996. Quantifying landscape structure: A review of landscape indices and their application to forested landscapes. Progress in Physical Geography, 20(4): 418-445.
Hupp C R. 1990. Vegetation patterns in relation to basin hidrogeomorphology//Thornes J B. Vegetation and Erosion: Processes and Environments. New York, USA: Willey: 217-237.
Hurlbert S H. 1971. The noconcept of species diversity: A critique and alternative parameters. Ecology, 52: 577-586.
Huston M A. 1994. Biological Diversity: The Coexistence of Species on Changing Landscapes. Cambridge, UK: Cambridge University Press.
Ibáñez J J. 1996. An Introduction to Pedodiversity Analysis. European Society for Soil Conservation, Newsletter1.
Ibáñez J J. 2014. Diversity of soils//Warf B. Oxford Bibliographies in Geography. New York: Oxford University Press.
Ibáñez J J, Bockheim J. 2013. Pedodiversity. Boca Raton: Science Publishers, CRC Press.
Ibáñez J J, Caniego J, García-Álvarez A. 2005a. Nested subset analysis and taxa-range size Distributions of pedological assemblages: Implications for biodiversity studies. Ecological Modelling, 182: 239-256.

Ibáñez J J, Caniego J, San-José F, et al. 2005b. Pedodiversity-area relationships for islands. Ecological Modelling, 182: 257-269.

Ibáñez J J, De-Alba S, Bermúdez F F, et al. 1995. Pedodiversity: Concepts and measures. Catena, 24: 215-232.

Ibáñez J J, Effland W R. 2011. Toward a theory of island Pedogeography: Testing the driving forces for pedological assemblages in archipelagos of different orgins. Geomorphology, 135: 215-223.

Ibáñez J J, Feoli E. 2013. Global relationships of pedodiversity and biodiversity. Vadose Zone J, 12(3):

Ibáñez J J, Jiménez-Ballesta R, García-Álvarez A. 1990. Soil landscapes and drainage basins in Mediterranean mountain areas. Catena, 17: 573-583.

Ibáñez J J, Jiménez-Ballesta R, García-Álvarez A. 1991. Sistemologíay termodinámica en edafogénesis. II. Suelos, estructuras disipativasy teoría de catástrofes. Rev Écol Biol Sol, 28: 237-254.

Ibáñez J J, Pérez-González A, Jiménez-Ballesta R, et al. 1994. Evolulution of fluvial dissection landscapes in mediterranean environments//Geomorph Z N F. Quantitative Estimates and Geomorphological, Pedological and Phytocenotic Repercussions, 37: 123-138.

Ibáñez J J, Ruiz-Ramos M, Tarquis A. 2006. The mathematical structures of biological and Pedological taxonomics. Geoderma, 134: 360-372.

Jacuchno V M. 1976. Kvoprosu Opredelenia Raznoobrazija Struktury Pocvennogo Pokrova. Tezisy dokl.III. VSES Sov. Postructure pocv. Pokrova. Vaschnil, Moskvao.

Jenny H. 1941. Factors of Soil Formation. New York, USA: McGraw-hill Book Co.

Johnson D L, Watson-Stegner D. 1987. Evolution model of pedogenesis. Soil Science, 143: 349-366.

Joseph A Z, Graciela M G B, Héctor F D V. 2016. Geopedology: An Integration of Geomorphology and Pedology for Soil and Landscape Studies. New York: Springer.

Lo Papa G, Palermo V, Dazzi C. 2011. Is land-use change a cause of loss of pedodiversity? The case of the Mazzarrone study area, Sicily. Geomorphology, 135: 332-342.

Loidi J, Fernández-González F. 2012. Potential natural vegetation: Reburying or reboring? J Veg Sci, 23: 596-604.

MacArthur R H, Wilson E O. 1967. The Theory of Island Biogeography. Princeton, New Jersey, USA: Princeton University Press

Magurran A E. 1998. Ecological Diversity and its Measurement. London: Croom Helm.

Magurran A E. 2004. Measuring Biological Diversity. Oxford, UK: Blackwell Publishing.

Martín M A, Rey J M. 2000. On the role of Shannon's entropy as a measure of heterogeneity. Geoderma, 98: 1-3.

Mattson S. 1938. The constitution of pedosphere. Landbrukshögskolans Ann, 5: 261-276.

McBratney A B. 1992. On variation, uncertainty and informatics in environmental soil management. Australian Journal of Soil Research, 30: 913-935.

McBratney A B, Odeh I O A, Bishop T F A, et al. 2000. An overview of pedometric techniques for use in soil survey. Geoderma, 97: 293-327.

McBratney A, Minasny B. 2007. On measuring pedodiversity. Geoderma, 141: 49-54.

Minasny B, Mcbratney A, Hartemink A E. 2010. Global pedodiversity, taxonomic distance, and the world reference base. Geoderma, 155: 132-139.

Moravej K, Eghbal M K, Toomanian N, et al. 2012. Comparion of automated and manual landform delineation in Semi detailed soil survey procedure. African Journal of Agricultural Research(AJAR), 7(17): 2592-2600.

Parsons H. 2000. An Analysis of Landscape Diversity on the Floodplain of a Scottish Wandering Gravel-bed River. Scotland: PhD Thesis, University of Stirling.

Patterson B, Atmar W. 1986. Nested subsets and the structure of insular mammalian faunas and archipelagos. Biological Journal of the Linnean Society, 28: 65-82.

Pavlopoulos K, Evelpidou N, Vassilopoulos A. 2009. Mapping Geomorphological Environment. Berlin: Springer-Verlag.

Peters R H. 1991. A Critique for Ecology. New York, USA: Cambridge University Press.

Petersen A, Gröngröft A, Miehlich G. 2010. Methods to quantify the pedodiversity of 1 km^2 areas. Results from southern African drylands. Geoderma, 155: 140-146.

Phillips J D. 1992. Qualitative chaos in geomorphic systems, with an example from wetland response to sea level rise. Journal of Geology, 100: 365-374.

Phillips J D. 1999. Earth Surface Systems. Oxford, UK: Blackwell.

Phillips J D. 2001a. The relative importance of intrinsic and extrinsic factors in pedodiversity. Annals of the Association of American Geographers, 91: 609-621.

Phillips J D. 2001b. Divergent evolution and spatial structure of soil landscape variability. Catena, 43: 101-113.

Phillips J D, Marion D A. 2005. Biomechanical effects, lithological variations, and local Pedodiversity in some forest soils of Arkansas. Geoderma, 124: 73-89.

Phillips J D, Marion D A. 2007. Soil geomorphic classification, soil taxonomy, and effects on soil richness assessments. Geoderma, 141: 89-97.

Rannik K, Kõlli R, Kukk L, et al. 2016. Pedodiversity of three experimental stations in Estonia. Geoderma Regional, 7(3): 293-299.

Ricotta C. 2005. Through the jungle of biological diversity. Acta Biotheoretica, 53: 29-38.

Rivas-Martínez S. 2005. Notions on dynamic-catenal phytosociology as a basis of landscape science. Plant Biosyst, 139: 135-144.

Rosenzweig M L.1995. Species Diversity in Spaccs and Timc. Cambridge, New York, USΛ: Cambridge University Press.

Saldaña A, Ibáñez J J, Zinck J A. 2011. Soilscape analysis at different scales using pattern indices in the Jarama-Henares interfluve and Henares River valley. Central Spain Geomorphology, 135: 284-294.

Scharenbroch B C, Bockheim J C. 2007. Pedodiversity in an old-growth northern hardwood forest in the Huron Mountains, Upper Peninsula, Michigan. Canadian Journal of Forest Research, 37: 1106-1117.

Sharples C. 1993. A Methodology for the Identification of Significant Landforms and Geological Sites for Geoconservation Purposes. Hobart, Tasmania: Report to the Forestry Commission.

Tokeshi M. 1993. Species abundance patterns and community structure. Advances in Ecological Reserach, 24: 111-186.

Toomanian N A, Jalalian H, Khademi M K, et al. 2006. Pedodiversity and pedogebesis in Zayandeh-rud Valley, Central Iran. Geomorphology, 81: 376-393.

Toomanian N, Esfandiarpoor I. 2010. Challenges of pedodiversity in soil science. Eurasian Soils Science, 43: 1486-1502.

Weber H E, Moravec J, Theurillat J P. 2000. International code of phytosociological nomenclature. J Veg Sci, 11: 739-768.

Westhoff V, van der Maarel E. 1978. The Braun-Blanquet approach//Whittaker R H. Classification of Plant Communities. 2nd. The Hague: Dr W Junk: 287-399.

Williams B M, Houseman G R. 2013. Experimental evidence that soil heterogeneity enhances plant diversity during community assembly. J Plant Ecol, 7: 461-469.

Williamson M H. 1981. Island Populations. Oxford, UK: Oxford University Press.

Wilson E O, Peter F M. 1988. Biodiversity. Washington, DC: National Academy Press.

Yaacobi G, Ziv Y, Rosenzweig M L. 2007. Effects of interactive scale-dependent variables on beetle diversity patterns in a semiarid agricultural landscape. Landscape Ecology, (22): 687-703.

Yabuki T, Matsumura Y, Nakatani Y. 2009. Evaluation of Pedodiversity and Land Use Diversity in Terms of the Shannon Entropy. http: //cdsweb.cern.ch/record/1178038[2009-05-19].

Zhang X L, Chen J, Tan M Z, et al. 2007. Assessing the impact of urban sprawl on soil resources of Nanjing city using satellite images and digital soil databases. Catena, 69: 16-30.

Zinck J A, Metternicht G, del Valle H F. 2016. Geopedology: An Integration of Geomorphology and Pedology for Soil and Landscape Studies. New York: Springer.

附　图

2002 年 10 月，张学雷、Juan José Ibáñez 在马德里

2006 年 7 月，张学雷、Juan José Ibáñez、Dick Arnold（自左到右）在费城

2010 年 8 月，张学雷（右一）在布里斯班第 19 届世界土壤学大会

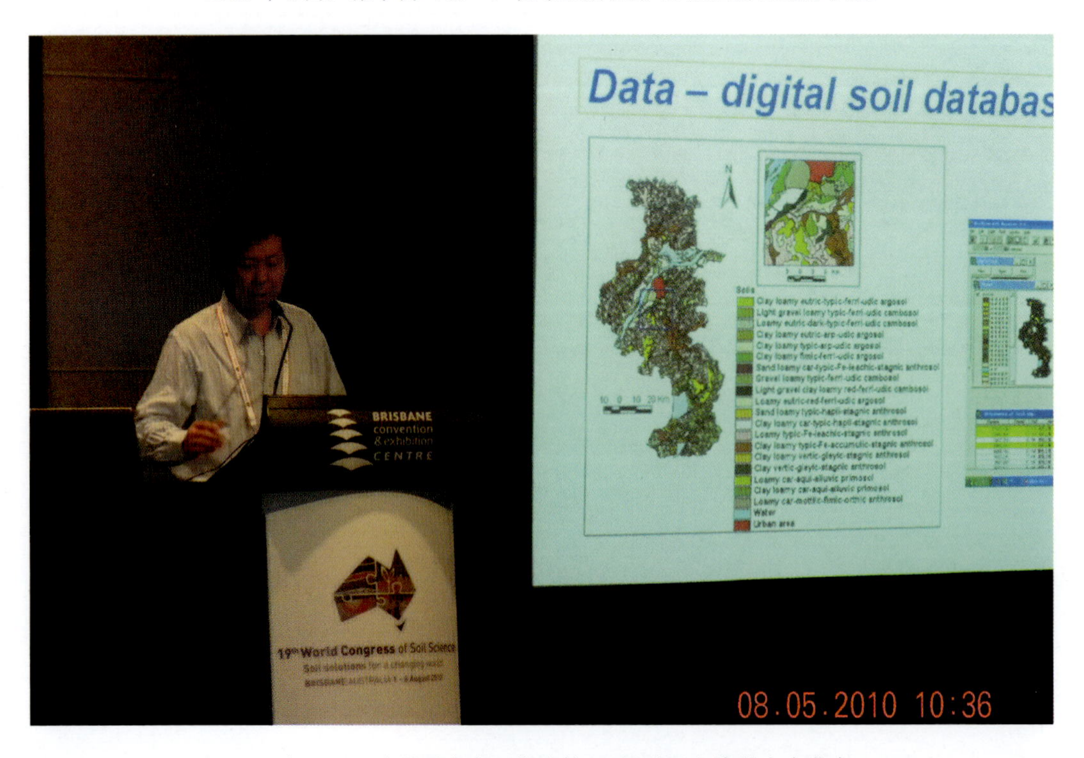

2010 年 8 月，张学雷在布里斯班第 19 届世界土壤学大会发言

2006 年 11 月，张学雷、龚子同在雅安

2010 年 8 月，张学雷、冷疏影在布里斯班

2013 年 7 月，张学雷、Manfred Boelter、Anika Sebastian（左二到右一）在基尔

1999 年 4 月，张学雷（前左二）、李亚丽（后右二）、姚海燕（后左一）、
杨玉建（后左二）、Enock Sakala（前右一）

2009 年 2 月，张学雷（中）、孙燕瓷（右）、王辉（左）在昆明

2011 年 4 月，张学雷（左二）、段金龙（左一）、冯婉婉（中）、李梅（右二）、
钟国敏（右一）在中国科学院南京土壤研究所

2012 年 10 月，张学雷（右二）、段金龙（右一）、齐少华（中）、屈永慧（左二）、钟国敏（左一）

2014 年 11 月，张学雷、屈永慧、李美娟、任圆圆、李成源、孙鹏、
Natasch. Meuser、段金龙、赵斐斐（自右到左）

2018 年 6 月，王娇、李笑莹、任圆圆、张学雷、段金龙、孙鹏、郭漩（自左到右）在郑州

2018 年 6 月，李笑莹、任圆圆、孙鹏、张学雷、郭漩、王娇（自左到右）在郑州

2018 年 11 月，王娇、李笑莹、任圆圆、张学雷、赵斐斐、郭漩（自左到右）在神垕古镇

2019 年 7 月，张学雷、李笑莹、任圆圆（自右到左）在青藏高原